It's a SONY

盛田昭夫

もりた あきお

李勇——著

娛樂產業的革新者，永遠時尚的大企業家

SONY創辦人之一的盛田昭夫，曾創下多個紀錄：

- 製造出日本第一代磁帶錄音機和磁帶
- 製造了日本第一台半導體收音機
- 生產出世界上第一台半導體電視
- 生產出第一台家庭錄影機……

SONY產品風行全球的秘密究竟是什麼？

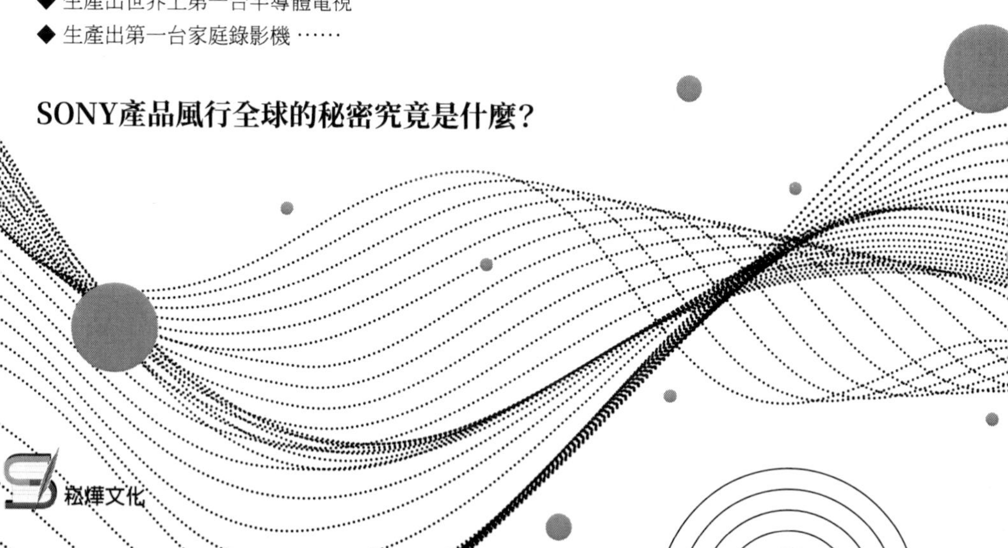

崧燁文化

目錄

人物簡介

名人簡介

盛田昭夫（一九二一～一九九九），出生於日本名古屋。日本著名企業家、SONY 公司創始人之一和日本公司國際化的先驅。

盛田昭夫在第二次世界大戰中，曾擔任海軍技術中尉，期間他認識了著名企業家和教育家井深大。一九四五年，井深大在東京創立東京通訊研究所，盛田昭夫在井深大邀請之下加入經營，獲得了十九萬日元的資金，於一九四六年正式成立東京通訊工業株式會社。

短短幾十年內，盛田昭夫將一個小廠，發展為國際性著名大企業。他在日本經濟非常艱難的情況下，創造了幾個日本第一：製造出日本第一代磁帶錄音機和磁帶；製造了日本第一台半導體收音機；生產出第一台全部由日本製的半導體收音機；生產出世界上第一台半導體電視；生產出第一台家庭錄影機；SONY 公司成為日本第一家在紐約證券交易所上市的公司等等。

一九八〇年代，SONY 公司開始出售隨身聽微型錄音機，從此「日本製造」便成為高品質電器的代名詞。盛田昭夫在一九七一年成為 SONY 公司總裁，並在一九七六年出任會長。

盛田昭夫在商場上，展現出非凡的個人魅力、公關手腕與精明遠見，他從拓展美國市場、創造極為成功的隨身聽品牌、收購哥倫比亞電影公司，一路將公司品牌行銷至全世界。

盛田昭夫是第二次世界大戰後，協助日本從廢墟中站起來的重要企業家之一，被選為二十世紀最具影響力的亞洲人士之一。

盛田昭夫於一九九九年十月三日因肺炎病逝於東京。

成就與貢獻

盛田昭夫不但是位企業家，也是一位充滿活力的經理人。他極力宣揚日式管理風格，他卻是日本早期少數去美國學習西方管理理念的企業家，東西方管理文化的精華在他公司中發揚光大。

在盛田昭夫帶領下，SONY 公司推出的掌心微機，在日本受到廣泛歡迎，而且很快流行於歐美市場。但盛田昭夫不斷告訴員工，不能滿足於眼前的成就，因為世界正在迅速變化，一定要再接再厲，否則就不能在商界生存，尤其在高科技的電子領域。

SONY 公司依靠不斷創新，迅速拓展業務，成為世界著名的大企業。手提式半導體收音機、家庭錄放影機以及隨身聽，都是在 SONY 公司中誕生。

地位與影響

人們對盛田昭夫在日本企業管理的許多做法讚譽有加，尤其在關心員工方面。他認為，西方管理文化太過注重財務和帳面資產，日本企業則更著重生產實際的產品，和創造經久不衰的價值。

盛田昭夫善於去除糟粕，取其精華，恰當引進西方管理文化，再與日本的國情緊密結合，以提高公司員工的薪資和福利，激勵員工，改善他們的生活品質，受到廣大股東與員工的歡迎與稱讚。

盛田昭夫於一九九九年辭世。在他的訃文中，讚譽他為二十世紀最具影響力的企業家之一，被稱為「經營之聖」，與被譽為「經營之神」的松下幸之助齊名，在經濟界是企業家學習的榜樣。

幸福成長的童年

當你三十年後離開我們公司， 或離開這個世界時， 我不希望你後悔把最寶貴的歲月花費在這裡， 否則那將是個悲劇。

—— 盛田昭夫

生於釀酒世家

盛田昭夫於一九二一年一月二十六日，出生於日本名古屋市的盛田釀酒世家。盛田家族有三百多年的釀酒歷史，累積了豐富的經商經驗。盛田昭夫是長子，是盛田家族的第十五代傳人。

米酒在日本不僅是一種民族飲料，也是日本文化的象徵，還是眾多宗教禮儀中的一個環節，例如在日本傳統的婚禮上，新郎和新娘要共飲一杯米酒。

小鈴谷町離工業城市名古屋不遠，町裡的盛田家釀造一種「子日松」牌的米酒，已有三百多年的歷史，「子日松」這個名字出自八世紀編纂的一本著名日本詩選《萬葉集》。

日本宮廷有一個傳統習俗，就是在鼠年的正月初一，日本人稱這一天為「子日」，要到郊外去選一棵小松樹，並將它帶回去，移植到御花園中。松樹象徵著長壽和幸福。歲初植松，代表人們企盼在這一年健康和興旺。

盛田家的工廠從一七〇八年開始生產豆漿，接著從一八六八年起又開始製作醬油，酒、豆漿、醬油一直是盛田株式會社的主要產品。由於盛田家的生意與人們的生活緊密相關，所以他們在村子中有著一定的社會地位。

在明治維新前的兩百多年間，盛田家人一直擔任小鈴谷町的村長，是全村的門面人物。

盛田昭夫的父親是一位非常出色的商人，但他繼承了一家陳舊的企業，還存在著嚴重的財務問題。盛田昭夫的祖父和曾祖父都很欣賞藝術，他們喜歡精美的藝術，有收藏工藝品的愛好，樂意將大量時間和金錢用於公眾活動和收藏藝術品。

盛田家使用的茶具、瓷器、家具，以及一切日常生活用品，都經過精心挑選，散發出昂貴不凡的品味。

在日本傳統文化中，像漆匠、陶匠、紡織匠、鑄劍人、編織匠、圖案設計師、書法家這樣的行業，其中最頂尖的工匠會被視為「活國寶」。對於那些喜愛精緻工藝品的人來說，能得到一件這些大師的作品，是一件非常值得炫耀的事。而由於盛田家兩代戶主都有這種收藏工藝品的愛好，他們常常無暇顧及公司生意，後來甚至找人替他們來管理公司，但是經營績效卻並不理想。

因為，公司生意對於那些經理人而言，僅僅是一份工作。如果生意不好，他們表示遺憾，但這對他們按時領薪水卻沒太大的影響。他們最大的風險不過就是丟掉一份工作，但很快就會找到新的替補，並不在乎盛田家族能不能持久發展。

當盛田昭夫的父親作為長子繼承家業時，一上任就面臨著巨大的困難，但他仍舊想讓公司重新盈利，恢復盛田家的社會影響力；而若要完成這些目標，就不能指望任何一位外聘的經理。

這是一件非常困難的事情，因為當盛田昭夫的父親盛田久左衛門，被通知回去繼承家業時，他正就讀於東京的慶應義塾大學。盛田家族的公司面臨倒閉，盛田昭夫的父親也意識到了這個情況。

對盛田家的人來說有一件事特別諷刺。由於盛田家需要一大筆錢，盛田昭夫的父親只好變賣上兩代留下的精美藝術品，用這筆錢還清了公司的債務，使無人過問的工廠又恢復營運。那些被變賣的藝術品多年以來一直被視為珍寶，雖然從實用主義的角度看它們並不具備那樣的價值，但竟然在關鍵時刻挽救了公司。

在盛田昭夫的父親賣掉的那些寶物中，有三件寶物特別珍貴：一件是來自中國的掛軸；另一件是來自中國的銅鏡；還有一件是玉製的飾物，這件飾物可以追溯到西元前三五〇至西元二五〇年前後。

賣掉這些寶物時，盛田昭夫的父親也很心疼，他知道這些東西在他父親心中的分量，所以他暗暗發誓：一旦家裡有錢，他一定會把這些東西贖回來；而沒過幾年，這些東西就贖回盛田家族的收藏中。

盛田昭夫是盛田久左衛門的長子，他出生的那一年，家裡的生意又重新起步，對還是孩子的他來說，日子並沒有什麼艱難困苦，恰恰相反，他總是受到寵愛。他生活在一個富裕的家庭裡，住在名古屋市最好的住宅街之一白壁町，人們稱這一帶為富人區。

按照日本的標準，他們家的房子很大，卻有些凌亂。他們家有網球場，豐田家住在馬路對面，也有一個網球場，馬路兩邊的其他鄰居也多擁有私人網球場。

盛田家因為家庭成員很多需要一棟大房子，盛田昭夫有兩個弟弟盛田和昭、盛田正明，還有妹妹盛田菊子。除了父母，盛田昭夫的姑媽也住在他家，由於盛田昭夫的姑丈很早就去世了，所以姑媽沒有孩子。

盛田昭夫的叔叔也住在他們家，叔叔曾在法國學了四年西洋繪畫。另外還有盛田昭夫的祖父母，六個傭人以及三四個年輕人，他們都是從鄉下到城裡讀書，在他們家當長工賺取學費。

家裡雖然住著很多人，卻保持著獨特的生活方式。盛田昭夫的父母和孩子總是與其他人分開吃飯，但在一些特殊場合，例如過生日，他們就會將房間的拉門全都打開，舉行一場盛大的聚會。

他們經常玩一種抽獎遊戲，在歡聲笑語中一邊相互取樂，一邊享受美食。這樣的聚會，完全由盛田昭夫的母親一手操持，她是一位有耐心、能幹的婦女，總是能消弭孩子、年輕的傭人和寄讀學生之間的爭執。

盛田昭夫的母親出嫁時才十七歲，她和丈夫曾一度擔心不會有孩子。在當時的社會文化中，有兒子作為繼承人是一件非常重要的事。好在七年後，盛田昭夫終於出生了，這才鬆了一口氣。

盛田昭夫的母親非常文靜典雅，特別有藝術氣質。她十分認真地管理家務，整天都忙於監督家裡的事是否都做完了、家裡的人是否都和睦相處。盛田昭夫的母親是一位非常有自信的女人，這在那個年代的女人身上是很少見的特質。

盛田昭夫的母親很通情達理，容易相處。由於盛田昭夫的父親擔負著挽救和重整家業的重任，他的時間完全被公司的生意占據。由於父親總是很忙，每當盛田昭夫需要幫助時，他更常找母親商量。

盛田昭夫的母親出身武士世家，總是身穿和服；但同時，她也願意接受新的生活方式，因此她改變了許多家裡的傳統。

盛田昭夫常常與家裡的孩子打鬧，但等盛田昭夫稍稍長大、還不到十歲時，就開始專心學習了，母親還是給了盛田昭夫一間有書桌的單獨房間。

後來，盛田昭夫開始實驗時又得到了另一張書桌，因為他需要一個工作台。母親還特別為他買了一張床，他就不必像家裡其他的人那樣，睡在沒有被褥的榻榻米上，同時準備讓他成為家業的繼承人。

有講究的名字

按照盛田家的傳統，成為戶主的兒子就要放棄他原有的名字，改名為久左衛門。十五代人的長子，多數都取名為常助或者彥太郎。

盛田昭夫的父親以前就叫彥太郎，直至成為戶主，才改名成為第十四代久左衛門。盛田昭夫的爺爺出生時取名為常助，繼承家業後改名為盛田久左衛門，他年邁引退後，將權力與責任傳給自己的長子，也就是盛田昭夫的父親，自己再改名為盛田命昭。

然而，到盛田昭夫出生時，他的父親認為常助這個名字，對於二十世紀來說太陳舊了，所以請了一位年高德勛的日本漢學家為盛田昭夫取名。這位先生和盛田昭夫的爺爺是很好的朋友，他建議取名為盛田昭夫，其中的「昭」字在日語中有啟蒙的意思，盛田昭夫爺爺的名字中也有這個漢字。

漢字在日語中往往有多種讀法，有時甚至有十多種，所以盛田昭夫的名字意味著 「啟示」或者「顯著」，而盛田這個姓氏意味著茂盛的稻田。盛田昭夫姓與名的結合，預示著他的一生都充滿了希望。

日本的朝代也有年號，一九二六年大正天皇駕崩，太子裕仁繼位，皇家也請了那位為盛田昭夫取名的漢學家，請他選擇一個吉祥的年號。他選取的年號是「昭和」，意味著 「光明太平」，和盛田昭夫的「昭」字相同。

盛田昭夫三歲那年，盛田昭夫的父母曾有過一次嚴重的爭執，爭端在於如何培養孩子。父親批評妻子一天到晚說童話故事給孩子聽，認為這些東西華而不實，只能讓孩子越來越蠢；妻子則認為人生短暫，童年更短暫，孩子稍稍長大了就會知道該走哪條路……

爭執的結果是，丈夫甩了妻子一記耳光，趁她還沒有回過神來，丈夫已經將盛田昭夫拉進汽車，駛向小鈴谷。而盛田昭夫嚇壞了，他不知道發生了什麼事。

這是盛田昭夫第一次回小鈴谷。在一片稻田旁，餘怒未消的父親粗魯的要兒子下車，兒子嚇得渾身發抖。

「你叫什麼名字？」

「盛田昭夫。」

「再說一遍，你叫什麼名字！」

「盛田昭夫！」

「好樣的！ 盛田昭夫！」

父親笑了起來，然後問他 「盛田昭夫」這四個字是什麼意思。兒子茫然地望著父親，搖搖頭不再出聲。於是父親開始耐心地解釋「盛田昭夫」的含義，「繁茂的稻田」、 「進步的」、 「不尋常的」、「天皇」、「光明的和平」、「盛田株式會社」、「小鈴谷」、「葡萄酒」、「子日松」……

受過一番驚嚇的孩子，而且又經過一路顛簸，哪裡能聽懂那麼多東西！

盛田昭夫躺在父親懷裡睡著了，父親輕聲細語的演講成了一支催眠曲，他太小，也太累了。父親內疚地搖搖頭，目送著稻田裡耕作的農民踏著夕陽歸去，直至繁星滿天，他才叫醒兒子。

「盛田昭夫，你要記住，你是我的長子，你生下來就是要當老闆。」他自言自語了幾句，調轉車頭回名古屋。

聽到喇叭聲，盛田昭夫的母親驚喜交加，她抱起昏昏沉沉的兒子，淚流滿面，盛田昭夫的父親這時也意識到這種教子方法近乎暴虐。

第二天早晨醒來，妻子問兒子到哪裡去了，父親都說了什麼話？

三歲的孩子揉揉眼睛，說自己夢見一片稻田，父親指著這片稻田發脾氣，說稻田是咱們家的，以後不准你再打弟弟了，你要來種水稻，你是盛田家的長子……

妻子後來嘲笑丈夫的「教子術」，在親戚中間多次講這個笑話，丈夫卻說還是有用處，兒子知道了什麼叫「稻田」，知道了自己是盛田家的長子……

盛田昭夫知道了自己是盛田家的長子，這依然無濟於事。在盛田昭夫出世前後，「富人巷」的孩子也紛紛出生。盛田昭夫家對面住著豐田汽車公司第一代社長豐田利三郎，豐田利三郎的幾個兒子和盛田昭夫兄弟年齡相仿，從小一起玩耍，甚至進了同一個班級。

相隔兩幢房子就是岩間的府邸，他的兒子和夫，一九四二年從東京大學理學部畢業，和夫與盛田昭夫的妹妹青梅竹馬，畢業不久就和菊子結婚成家。第二次世界大戰後，和夫參與了SONY公司的前身——東京通訊工業公司的籌建，是盛田昭夫的得力助手，一九七六年出任SONY公司社長，一九八三年去世。

前豐田汽車工業會長石田退三，是鄰近小鈴谷的大谷村人，兩座村落僅一山之隔。石田退三就讀的鈴溪高等小學前身，就是盛田家族第十一代左久衛門，於一八八八年創設的鈴溪義塾。石田退三和盛田昭夫的父親是鈴溪高等小學的同學，他的外祖父也是釀酒匠。

後來，石田退三也遷居「富人巷」，和盛田昭夫一家成了鄰居，兩家孩童又多了幾個朋友。值得一提的是，石田退三在第二次世界大戰後，拯救了瀕臨破產的豐田汽車公司，並為公司日後的發展奠定了雄厚的基礎。

「富人巷」的孩子養尊處優，他們不知道壓在父輩肩頭的擔子有多重，也不知道這副擔子早晚會壓在自己的肩頭，他們只是笑鬧，再氣喘吁吁地跑進各自府邸，享受美味菜餚。

只有在和「富人巷」的大孩子打架時，盛田昭夫才會把弟妹往身後一擋，不可一世地吼道：「我是盛田家的長子，誰有種就來碰碰我的拳頭！」

即使被人打倒在地，被踩在腳下，盛田昭夫依然像一隻大甲蟲似的掙扎著，沒完沒了地叫嚷：「我是盛田家的長子，看我起來後，怎麼收拾你們這幫混蛋！」

當然，打架並不是天天發生，「富人巷」的孩子更常一起玩樂。在窮孩子面前，他們更是一副不可一世的樣子。

貧窮是一種恥辱，是一種不可原諒、也不值得同情的奇恥大辱。他們經常砸爛乞丐的飯碗，揚長而去，直至挨家人一頓痛打，迫使孩子向對方認錯，但他們還是不知道自己何罪之有。

他們還很困惑，到處都是土地和山丘，為什麼這幫窮人和乞丐不去找一塊地，蓋幾幢大樓？為什麼他們自甘於這樣丟人現眼地活著？這樣活著究竟是為了什麼？

母親告訴盛田昭夫，這是命運，每個人都有自己的命運，命中注定的東西不能改變，人到世上早晚都要受苦，所以對窮苦人要多一些同情和憐憫……

肩負特殊的使命

在日本文化裡，長子在家族中擔負著重要的使命，從土地到所有財產，從前都是由長子繼承；同時，長子也要承擔照顧好兄弟姐妹與親屬的責任。

盛田昭夫身為盛田家的長子，從小就受到家族傳統的相關教育。他的家族出過很多愛好文學和藝術的人，例如他的祖父和曾祖父，一直都是社團的首領和村役所的官員，可以追溯至十七世紀德川幕府的年代。他們是貴族，所以享有使用姓名和佩帶腰刀的特權。

盛田昭夫的高祖父，也就是第十一代久左衛門，很喜歡新事物和新思想。在明治時代，他邀請了一位法國人到日本，幫他種葡萄和釀酒。他既釀造葡萄酒又釀造米酒，並由此出名，而且也從中受到激勵。

當時，日本剛剛結束了兩百五十年的鎖國時代，向世界打開大門。新鮮事物很時髦，明治天皇也鼓勵日本人向西方學習，特別是學習西方的生活方式和技術。在東京，人們舉行舞會、模仿歐洲的服裝和髮型、嘗試西式食品，在宮中也是如此。

釀造葡萄酒還有另外一個原因。明治政府預計到稻米的短缺，而稻米正是釀造米酒的基本原料。種植葡萄園，是想以葡萄酒來取代米酒，這樣在稻米歉收年時就比較容易應付。

歷史學家對此還有另一種說法，即政府是為了給那些新政下無事可做的武士開拓就業機會。盛田家有大片耕地，所以在明治政府的鼓勵下，一八八〇年從法國帶回了葡萄根莖。

盛田昭夫的高祖父安裝了一台機器，用來加工葡萄，建起了適當的釀酒設施，還從附近招來農工；四年後，總算做出了一點葡萄酒，燃起了大家的希望，認為這個新型工業將會興旺。

然而事實上並非如此。當時法國的葡萄園正在荒廢，因為先是遇到了真菌，後又遇到一種像虱子一樣的葡萄蟲的侵害。很明顯，從法國帶回的葡萄根莖已經受到感染，儘管做了精心準備，最後還是失敗。

一八八五年，在久左衛門家的葡萄園裡發現了葡萄蟲，葡萄藤必須全部毀掉，而久左衛門必須賣掉土地來抵債，葡萄園被改作桑田，用於養蠶。但盛田家的其他傳統產品，例如醬油和豆醬，在一八九九年到巴黎國際博覽會參展，其中還有一項產品贏得金獎，這在那個年代，對於一家日本公司是一件非常榮耀的事。

總之，盛田昭夫的這位祖先總是追求新事物，還有一種永不放棄的勇氣和力量。他的前一任戶主開創了啤酒製造業，請了一位中國釀酒師。這位中國釀酒師拜師於英國，自己還開了一家麵包店，如今這家公司叫做全自動咖啡機公司，生意興隆，已經有了海外分店。不屈不撓、樂觀向上的基因也傳給了盛田昭夫。

盛田昭夫的曾祖父於一八九四年去世。為了紀念他生前的功德， 一九一八年，人們在小鈴谷町為他建了一座青銅像。他曾經用自己的錢為村人修路，改良設施，還做了許多其他善事，因此當明治天皇巡視盛田昭夫家鄉時，曾授勛給他。

不幸的是，第二次世界大戰時為了彌補軍需，那座銅像被熔化。但人們留下了一個模型，又做了一尊陶瓷胸像，這座胸像至今還樹立在小鈴谷町宗祠前的小樹林。

雖然盛田家的歷史看似一直在小鈴谷町周圍，但盛田昭夫的父母卻從那座安靜的小村搬到了名古屋市。名古屋市是愛知縣縣府所在地，盛田昭夫於一九二一年一月二十六日在那裡出生。

搬到名古屋這個熱鬧的工業城市，只是父親使盛田公司現代化的一個步驟，它為老公司注入了新精神。另外，在城市建立一家現代化企業，也比在小村裡更加便利。

盛田昭夫的父親肩負重任，所以認為盛田昭夫從很小的時候，就應該接受商業教育。

盛田昭夫的父親受到時代限制，為了挽救家業，他必須中止學業。盛田昭夫的父親一直是位務實的商人，盛田昭夫卻認為他保守，有時甚至保守得很過分，特別是要為一件新的、有風險的事或者非同尋常的事作決定時，總需要很長的時間，而且還會擔心。

盛田昭夫甚至認為父親會為了沒事可擔心而擔心。盛田昭夫經常與他爭執，父親也很喜歡這些小小的爭執。在父親眼裡，這是一種教育盛田昭夫的方法，這種方法讓盛田昭夫從小就學會表達自己的觀點。

直至盛田昭夫長大以後，他還是繼續反對父親的保守主義，這對盛田家卻有好處。與他在生意上嚴肅謹慎的個性相反，他是一位溫和慷慨的父親。他的全部休閒時間都是與孩子們一起度過，這為盛田昭夫留下了很多的美好回憶，其中有他教孩子游泳、釣魚，還有徒步旅遊。

在父親眼裡，生意畢竟是生意，不能開玩笑。在盛田昭夫十歲的時候，他第一次到公司辦公室和釀酒廠。父親想讓他看看如何做生意，盛田昭夫長時間地坐在父親身邊，旁聽枯燥無味的董事會，盛田昭夫也學會了如何與職員交談。

盛田昭夫小學時就學會了一些生意經。因為父親是老闆，常常讓經理到家裡匯報和開會，而在這樣的場合，父親總是堅持要盛田昭夫旁聽。不久，盛田昭夫就對此感到興趣盎然了。

父親總是不斷提醒盛田昭夫：「你一出生就是老闆，你是家裡的長子，切記勿忘。」

當盛田昭夫還小時，就不斷受到這樣的訓誡：不要以為身處高位就可以支配周圍的人，要清楚自己要做的事，同時也要清楚讓別人做的事，並擔負起全部責任。

盛田昭夫還受過這樣的教育：斥責部下、出問題就推卸責任，就是在找一隻替罪羊，而這些都無濟於事。按照家人教導的日本思維，合適的做法應該是與別人達成共識完成一件事，使雙方都受益。

每個人都想成功。在學習與員工相處時，一名管理者需要培養耐心，學會體諒別人，不能做出自私自利的舉動，更不應對人使用卑劣的手段。

身為盛田家的長子，盛田昭夫從小就被視為盛田家族企業未來的老闆，長輩也一直教導他良好的家訓，這些基礎促使他建立起一種管理哲學，對後來的事業影響甚巨。

受到良好的家教

盛田家的人信奉佛教，經常在家進行宗教儀式。大人會遞給孩子一本佛經，並要求他們一起學著念那些複雜的漢字。盛田昭夫也受到佛教的影響，由於這些傳統對家庭很重要，所以還是得保存。

盛田昭夫讀中學時，假日除了做生意，還是在做生意。父親開會時就會帶他到辦公室，盛田昭夫負責聽人匯報，然後盤點貨物。商業界把這個稱作盤存，是一種古老、又非常精確的方法。

盛田昭夫和父親到工廠時，公司總裁會站在他身後，清點每一件東西。盛田昭夫被教導檢查釀酒過程，還要親自嘗一點酒，試試它的味道，再把它吐掉。也許正因為這樣，他對任何酒精製品都不感興趣。

雖然盛田昭夫的父親是位非常保守的人，但他還是希望家人能得到需要和嚮往的東西，他總是對新的、國外引進的技術很感興趣。

盛田昭夫還住在小鈴谷町的時候，父親就從國外買了一輛福特旅遊車，在家鄉引進了計程車，找了一位原來拉兩輪人力車的車伕來當司機。當時人力車在日本還很普遍，而汽車還很新潮。

在兒時記憶中，盛田昭夫每到星期日就要郊遊，坐在一輛福特 T 型或者 A 型敞篷車上，沿著凹凸不平的狹窄道路，顛簸著向前。母親神氣地坐在後座上，將手裡的陽傘莊重地舉直。

後來父親總是乘坐由司機駕駛的別克車（Buick），家裡還有一台奇異公司出產的洗衣機和一台西屋電器公司出產的冰箱。

雖然盛田昭夫家逐漸西化，但真正影響他的人卻是叔叔敬三。敬三在國外住了四年，從巴黎歸來，第一次將正宗的西方風尚帶入盛田昭夫家。

對盛田昭夫來說，叔叔敬三久經世故，比家裡任何人見的世面都要多。在他回來之前，沒有人要求盛田昭夫穿和服，父親上班時穿西裝，回家後再換上傳統服裝，甚至盛田昭夫的祖父也經常穿西裝。但敬三回來後，就要求家庭成員在節日或重要場合穿和服。

盛田昭夫的祖父對西方很感興趣，喜歡看美國電影，在盛田昭夫小時候，祖父還帶他去看過一部叫做《空王》的電影，叔叔敬三卻帶回外面世界的親身經歷，這激起了盛田昭夫的極大興趣。

敬三叔叔帶回他在巴黎畫的油畫、在法國拍的照片、去倫敦和紐約旅途中畫的寫生，還給盛田昭夫看他用「巴塞」電影攝影機拍的電影，那種攝影機用的是九點五毫米的膠卷。他在巴黎有一輛 「雷諾」車，自己駕駛，還照了一張照片來證明此事。

當時盛田昭夫雖然只有八歲，還是給他留下深刻的印象，盛田昭夫記住了他能夠記住的全部外語單字，像協和廣場、蒙馬特高地、康尼島等。特別是叔叔講康尼島時，他完全著了迷。

盛田昭夫的父親也學祖父那樣，總是說：「如果一個人不願意坐下來刻苦學習，世上再多的錢也不能使他成為受過良好教育的人。但有錢卻可以提供教育機會，就能透過旅遊增廣見聞。」

盛田昭夫的叔叔正是這樣。他回來後在家裡建立自己的畫室，和他們一起住了很長一段時間，直至結婚。他在國外學習的四年期間，都是由盛田昭夫的祖父提供費用。

幾年以後，父親出錢讓盛田昭夫在高中的假期，和同學一起去日本很多地方旅遊。朝鮮從一九〇四年起被日本占領，一九一〇年又被日本吞併，盛田昭夫家在朝鮮有一位親戚，他到過那裡，又到過更遠的中國。

一九三九年或是一九四〇年，盛田昭夫甚至還坐過全空調的流線型火車，它的名字叫 「亞洲號」。本來下一步打算去美國，但由於戰爭沒有去成。

盛田昭夫家是少有的現代化家庭。母親非常喜愛西方古典音樂，家裡有一個 「維克多牌」 留聲機，她買了不少的唱片，盛田昭夫的祖父經常帶她去參加音樂會。盛田昭夫認為正是母親的原因，他才對電子與音響複製技術產生興趣。

盛田昭夫和家人經常一起聽歐洲音樂大師的唱片，留聲機的大喇叭中發出刺耳的聲音。當時的錄音設備很難再現交響樂全部的聲音，最好的就是唱片聲樂與器樂獨奏。而只要有著名的藝術家訪問名古屋，母親就會帶著盛田昭夫去看演出。

當時本地的一家唱片商進口古典樂的唱片。每個月新唱片到貨時，盛田昭夫的叔叔都要送一套給母親試聽。盛田昭夫那時還是小孩，總是起勁地去搖留聲機的手柄。當盛田昭夫讀初中時，一種新的電留聲機從美國傳入日本，家裡也買了一台。

父親認為如果喜愛音樂，就應該享受良好的音質；另一方面，他擔心聽「維克多牌」留聲機那種細弱無力的聲音，會影響耳朵和音樂鑒賞能力。從藝術或技術的角度來說，父親不懂或者說不會欣賞音樂，但他想讓家人盡可能聽到最真實的聲音，認為在這方面投資有其必要，如此才能學會欣賞好的音樂和好的音質。所以當首批新留聲機進入日本時，他花了一大筆錢買下了第一台，至少在當地是第一台。

那台留聲機也是「維克多牌」，六百日元，這是一個令人難以置信的數目，因為那時在日本買一輛小汽車也只要一千五百日元。

盛田昭夫永遠忘不了那台新的電留聲機中發出的美妙聲音，當然是與老留聲機相比。那是一種完全不同的聲音，盛田昭夫聽得目瞪口呆。買了新留聲機後，收到的第一張唱片是拉威爾的《波麗路》。盛田昭夫很喜歡《波麗路》，再加上新機器逼真的音質，真是令人驚嘆不已。

盛田昭夫把那些唱片聽了一遍又一遍，莫扎特、巴哈、貝多芬、布拉姆斯。在聽音樂時，盛田昭夫心中充滿了激情，同時他也感到奇怪，像真空管那樣的電氣裝置，居然可以從刺耳的唱片中發出如此美妙的聲音。

盛田昭夫被這個新發現所困惑，滿腦子疑問。盛田昭夫有位親戚是工程師，當盛田昭夫知道對方裝了一台留聲機時，就很想去看看。於是盛田昭夫就拜訪他家，好好看看那台留聲機，但其實那只是一堆零件，用電線連接，攤在房裡的草墊上。

當盛田昭夫看到，原來這樣的東西並不是只有大工廠才能製造，一個業餘愛好者也可以做出來，盛田昭夫覺得真是了不起。

事實上，在當時的日本，自己組裝收音機成了很普及的業餘愛好，有些報紙和雜誌開闢專欄，登出說明書，告訴讀者如何組裝收音機。

為此，盛田昭夫拜訪親戚家後，他立即覺得自己也應該組裝一台能播放音樂的機器。

他開始買有關電子學方面的書，並且訂了日本和國外所有有關音響複製和收音機最新消息的雜誌。他在電子學上花了大量時間，以致影響到他的學業。

他把課外時間幾乎都用到這個新愛好上，照著一本叫《無線電與試驗》的日本雜誌中提供的圖紙，做一些電子裝置。盛田昭夫的夢想是做一台電留聲機，錄自己的聲音。隨著實驗範圍擴大，他在這門新興技術上掌握的東西越來越多。

盛田昭夫真正感興趣的這些東西學校沒有教授，他必須自學。他總算做出一台很粗糙的留聲機和一台收音機，盛田昭夫甚至把自己的聲音錄下來，再從自製的留聲機中放出來。

盛田昭夫對電子裝置十分著迷，使學習成績幾乎不及格。

母親經常被叫到學校訪談，討論盛田昭夫在學校的糟糕表現。校長為了盛田昭夫對傳統課程不感興趣的事又費心又惱火，要求家長配合。

那時，班上總是根據分數來分配座位。全班有兩百五十名同學，分成五組，每組五十人。每組頂尖的同學就當組長，坐在教室最後面，然後按照成績降序往前排。雖然每年班上的座位都會有所變化，但盛田昭夫總是坐在前排，就在老師的鼻子底下，與成績不好的學生坐在一起。

盛田昭夫的力學、物理和化學成績都不錯，但他的地理、歷史和國語總是在平均以下。由於這種偏科的成績，校長經常將他叫到辦公室談話。如果到了非常糟糕的地步，父母就會訓斥盛田昭夫，並責令他扔掉那些電子玩具。

盛田昭夫只好暫時服從，但一旦成績有所好轉，就立刻重操舊業。

飽嘗戰爭的痛苦

包括懦夫在內的任何人都可以發動戰爭，但要結束戰爭卻要得到勝利者的同意。

——盛田昭夫

生活在戰爭年代

「遠親不如近鄰」，這是中日和平時期的客氣話，曾經弱小的日本也用此話和中國友好。但當中國失火的時候，難免就有些政治狂熱分子就想趁火打劫。

早在明治維新之前，日本封建軍閥就多次威脅要侵略中國和朝鮮。明治天皇即位伊始，便制定了分期侵略擴張的「大陸政策」。所謂「大陸政策」，就是以武力征服中國和朝鮮。為了發動大規模的侵略戰爭，日本政府大興軍火工業，積極建立近代化陸海軍。

一八九〇年五月，日本首相山縣有朋在國會發表施政演說，要求國會通過對中國作戰的軍費預算。據一八九三年的統計，日本陸軍的兵力平時為六萬三千人，戰時可達二十三萬人。日本的海軍也迅速發展起來，至一八九四年七月豐島海戰前夕，日本海軍已擁有三十三艘軍艦，還有魚雷艇二十四艘。

一切準備就緒後，日本就開始尋找發動侵略戰爭的藉口。

一八九四年春天，朝鮮爆發了農民起義，起義軍喊出了「逐滅洋倭」、「盡滅權貴」的口號。日本政府早就蓄謀侵略中國和朝鮮，隨即派兵鎮壓；不到一個月，日本派往朝鮮的侵略軍已達十萬人左右。

一八九四年七月二十三日，侵入漢城的日軍悍然發動政變，攻進朝鮮王宮，拘禁朝鮮國王李熙；兩天後，日本聯合艦隊在朝鮮牙山口外的半島附近不宣而戰，對援助朝鮮的中國北洋艦隊發動海盜式襲擊，事後又說北洋艦隊進攻了日本軍艦。

八月十八日，黃海海戰中北洋艦隊的「定遠號」、「致遠號」覆沒，日本帝國主義的侵略氣焰更囂張。不久，旅順口、威海衛失守，北洋艦隊在劉公島全軍覆沒，日本人的胃口更大了！

二十世紀後，日本人侵略擴張的野心更加發酵，不斷冒出一連串氣泡。

盛田昭夫的少年時代是個暗殺的時代。

一九二八年六月二日夜，日本陸軍精心策劃，炸死了中國東北軍大帥張作霖，這一年盛田昭夫只有七歲。

一九三一年至一九三三年更是一個黑暗年代。

軍人左翼分子，在大川周博士和櫻會活躍分子橋木欣五郎中佐的策動下，策劃了一樁更兇殘的武裝政變，準備於十月底襲擊在首相官邸舉行的內閣會議，殺死首相以下的大臣，占領軍政要地、解散國會，迫使天皇承認軍人內閣。

起事前，陰謀策劃者內部發生分歧，走漏風聲，政變陰謀破產，一九三一年十月七日，憲兵當局逮捕首謀者。

一九三二年一月八日，在裕仁天皇參加檢閱的途中，一名朝鮮人在天皇平常乘坐的轎車下，安置了一顆炸彈，結果裕仁天皇坐在另一輛車裡。

一些中國報紙寫道：可惜朝鮮人炸錯了轎車。

裕仁天皇也曾同宮內諸臣笑稱，襲擊者選錯了目標；但在中國租界的日本兵卻氣昏了頭，他們就將怒氣發泄到中國平民身上。

一月二十八日夜晚，日本海軍陸戰隊向中國軍隊挑釁，在上海展開激烈的戰鬥。日軍苦戰數週難以推進，連連增兵，並出動飛機轟炸上海平民，造成數千無辜平民死亡。

就在日軍與中國軍隊在上海血戰時，日本又發生了一起震撼全國的暗殺事件。祕密組織「血盟團」創建人井上日認為，日本必須背離二十世紀，回歸「神種」天皇統治下的農村經濟，實行君民共治，唯有這樣才能消除日本的種種弊端。

為實現他的神祕主義理想，「血盟團」採取「一人殺一人」的暗殺方針，團員歃血為盟，指天發誓，定期在東京郊區護國堂舉行盟主井上日設計的祭祀、默禱和多種神道儀式。

一九三二年二月七日，「血盟團」的一名團員在一所學校前，殺死公開反對增加軍費的財政大臣，前藏相井上準之助；一個月後，日本商界領袖人物，三井總社公司的理事長團琢磨，在東京市中心的辦公室被血盟團成員暗殺。

一九三二年五月十五日，裕仁天皇的內閣首相犬養毅被殺害，兇手是提倡「農本主義」的「愛鄉塾」塾生。他們還以消滅「特權階級」為藉口，攻擊掌璽大臣的公館，以及其他一些大企業的辦公室，也破壞了日本銀行和三菱銀行。

此次事件，標誌著兩黨政治的結束。從這一天開始，首相均由無黨派人士擔任，這實際上意味著天皇只能從陸、海軍中選擇首相。接替首相的是八十一歲高齡的退役海軍大將齋藤實，而暗殺陰謀還繼續以同樣的節奏推進。

一九三二年八月，警視廳阻止了一起暗殺新首相齋藤實的陰謀；九月，破獲了一起企圖殺害前首相若槻禮次郎的計劃；十月，警視廳又破獲了一樁企圖謀殺牧野伸顯的陰謀。

一九三三年七月，「愛鄉黨」和「大日本生產會」等祕密組織的四十四名恐怖分子，在準備暗殺內閣所有成員以及其他政治要人時，被警視廳傳訊。這次陰謀的所有參與者不久即被全部釋放，理由是他們出於愛國動機。但真正阻礙警視廳繼續深究和司法部門認真審理的原因，是他們確知在恐怖分子後面牽線的是一個軍人小組。

就在暗殺陰謀此起彼伏的日子裡，盛田昭夫讀完了小學、中學。那時他對於各種政治問題並不注意，日本教育制度的日益軍事化使他感到新奇。

一九三四年，盛田昭夫十三歲，每天要上兩小時的軍訓課程，這門課程的教師是由軍方指派，是位訓練有素的職業軍人，又是一位頗有煽動力的演講者，透過他深入淺出的講解，盛田昭夫終於明白蘇聯是日本潛在的敵人，日本可能會與蘇聯作戰，而日本最好能先發制人，置之死地而後快！

供職於海軍科技處

當盛田昭夫進入大學時，戰爭已經開始了，淺田教授的實驗室被迫承擔海軍的研究項目。

盛田昭夫繼續做實驗，所以他總是逃課。他發現大部分的教授都不願意講課，因為學生可以找到他們所有的著作和論文，而學生一看就知道他們將要講些什麼。

不久後，在淺田教授的指導下，盛田昭夫也可以幫教授為海軍做一些小事了，主要是電子學方面，因為這種工作比老電路或是電氣機械更接近純物理。

在大學裡，淺田教授被公認為是應用物理學的專家，報界經常向他諮詢一些科學方面的問題。在淺田教授承擔海軍的研究項目期間，他同時為一個星期專欄撰寫，詳細敘述科學研究的最新動態，當然，這些動態只限於不保密的內容。讀者會寫信給淺田教授，對自己在科學方面的想法徵求意見，專欄朝氣蓬勃，深入人心。

而當教授太忙的時候，盛田昭夫偶爾也會替他撰寫專欄文章。他在一篇專欄文章中議論過核能，並闡述過這樣的想法:「如果以適當的方式處理核能，就可以造出極其強大的武器。」

但當時，核能離現實太遙遠。日本當時只有兩座迴旋加速器，核子反應的研發進度十分緩慢。以日本當時的技術，一天只能分離出幾微克的鈾 235，以這樣的速度計算，需要二十年才足以製成一顆核彈。

當然，盛田昭夫此時並不知道美國和德國的科學家已經走了多遠，日本也沒有人知道曼哈頓計劃。

淺田教授的一部分工作，是協助日本帝國海軍研究，盛田昭夫當助手。與此同時，盛田昭夫接觸到一些海軍軍官，他們來自離橫濱不遠的橫須賀航空技術中心。

臨近畢業，盛田昭夫還沒有被徵兵。一天，一名軍官告訴他：只要通過一次考試，物理系畢業生可以申請短期服役，成為一名軍官。但盛田昭夫一點都不想當海軍軍官，雖然有時也有這個念頭，但與其被毫無選擇地徵入海軍或陸軍，還不如自願報名，挑一個好一點的位置。

另一個軍官是一名大佐，他也曾告訴盛田昭夫另一個辦法。

海軍當時有一個計劃，要委託大學培養一批新徵入伍人員。二年級的學生可以申請，而一旦被接受，就要在海軍中終生服役。後面這個條件看起來非常令人擔心，因為盛田昭夫並不想當一個職業的海軍軍官。

然而，當他談到另一條出路時，盛田昭夫對前一個方法產生興趣。大佐說：「物理相關科系的短期服役軍官會被分配到戰艦上，操作剛剛投入使用的新型雷達，也就是分配到戰鬥區域，能接觸很多新事物。」

這樣一來，擺在盛田昭夫面前的有兩種選擇，一種是申請短期服役，被分配到海上，前途未卜；另一種是與海軍簽訂終生合約，但可以繼續他的學業。

盛田昭夫被推薦參加終生在海軍服役的考試，並得到獎學金，這樣他就可以在實驗室繼續工作，獲得學位。

盛田昭夫沒有思考很久，因為他認定在當時，終生服役的方法更好。

沒有人知道未來會發生什麼，盛田昭夫參加了考試，而且順利通過。海軍每月發給他三十日元，還給他一枚金色的錨徽，戴在領子上。

就這樣，盛田昭夫成了一名海軍，分配到大學培訓。他的任務是繼續學習物理學，但這種情況並未持續很久。盛田昭夫讀三年級時，戰爭更加激烈了，物理系的學生也與全國其他人一樣，直接受到軍方控制。

一九四五年年初，盛田昭夫被分配到橫須賀的航空技術中心辦公室，住進一個工人宿舍改成的兵營。第一天早晨，他就和其他應徵的工人一起被趕進工廠，而不是像他預料的那樣到實驗室。某人遞給盛田昭夫一把銼刀，將他分配到機器工廠，每天都要銼一些鋼製零件。

過了幾天盛田昭夫開始想：如果再不離開那個鬼地方，自己會發瘋。全日本的學生都被迫離開學校，非重要職位的工人都被徵用去做軍工，大學的理科學生看來也不能例外了，而很多在校的少年兒童都參加了預備隊。

龜井良子，後來成為盛田昭夫的妻子，也從學校被徵召到一家工廠製作「紅蜻蜓」，一種訓練飛機機翼的木製構件。由於那次經歷，她後來一直記得如何使用木工工具。

飛機構件廠遭到轟炸後，她被分配到一家工廠，為傷員做病號服；後來又被調到一家印刷廠，那家工廠印刷一些用於亞洲占領區的軍事印刷品。戰爭後期，大部分學校都只能每週上一天課，有些甚至一天課也上不到。

由於日本的兵力散布得太遠，顯得薄弱，所以國內幾乎沒有年輕男人來做這樣的工作。龜井良子和盛田昭夫直至一九五一年才認識，同年他們也結婚了。

在那個工廠裡做了幾個星期的苦役後，有人意識到把盛田昭夫不該在這工作。他突然被調到光學實驗室，但對此也沒有任何解釋。

盛田昭夫又回到熟悉的工作環境中。實驗室裡有軍官和工人，他們從攝影學校畢業，只有他一個人是物理系的學生，所以他們統整遇到的技術難題，交給盛田昭夫研究，而盛田昭夫也願意做這樣的工作。

分給他的第一個任務，是想辦法防止高空乾燥的大氣層中產生的靜電，在航空照片上產生鋸齒狀的條紋損傷。為研究這項任務，他需要拜訪一間資料豐富的圖書館。於是盛田昭夫制訂了一個計劃，以某個政府強勢部門的名義查詢資料。

他打了一通電話給東京物理化學研究所的一名知名教授，並假裝是從海軍直接打來，盛田昭夫希望得到他的允許，以便利用該研究所的圖書館，這位教授對他鼎力相助。

盛田昭夫向上司提出申請，每天到東京從事研究。他的申請非常有說服力，立即就獲得批准，但乘坐戰時那種緩慢、擁擠的列車，從橫濱到東京大約要花一個小時，非常麻煩。所以後來他搬到一名好友的家裡，他是盛田昭夫的小學同學，在東京大學主修法律，已經被徵入海軍。

平時，盛田昭夫到研究所；星期六回到工人宿舍，與同事共度週末，成為一名軍工萬事通。

但是，盛田昭夫並沒有逃避工作，試著解決那些靜電條紋。他了解到：用測繪照相機拍攝航空照片時，要運用大量的膠卷，這樣通常會引起靜電火花，損壞圖像。而在閱讀資料和實驗後，他已經有了一些想法。

盛田昭夫來到暗室，這裡有大量的膠卷可以利用，試圖在實驗室裡模擬靜電火花。他在照相機的零件和膠卷上施加各種電壓，變換極性；不久，他就可以非常逼真地在實驗室模擬那種現象。

他在第一份報告中寫道，雖然已經模擬出那種現象，但還需要精確地找出原因和排除它的方法；然而，由於光學部缺乏合適的設備，無法繼續實驗。而具備最合適設備的地點是淺田教授的實驗室。於是，盛田昭夫申請暫時調到那裡工作。

為了使上司早點作決定，盛田昭夫還特意說明他不需要旅費，因為實驗室在他的母校，他知道在哪裡可以找到不花錢的住宿。他只需要他們允許他去那裡的實驗室。他們唯一的投資是大量的膠卷，因為當時膠卷非常少，盛田昭夫無法在別的地方得到。

不知出於什麼原因，他們答應盛田昭夫的要求。盛田昭夫不僅希望完成任務，還想利用這次提交給海軍的正式研究報告，作為他的畢業論文。

盛田昭夫得到同意後，他得到一大堆膠卷。以後的幾個月裡，當別人都在艱難度日的時候，他卻住在學生時家裡為他租的公寓，接受淺田教授的指導，每週只需要為他的研究做一次報告。

這個機會讓盛田昭夫可以按照自己的步調，進行他喜歡的、有創意的工作，當然他還可以繼續從淺田教授那裡學到新知識。

盛田昭夫大學畢業後，自動成為一名職業海軍軍官，這表示他必須受到實際的海軍訓練，於是他乘船去濱松的海軍陸戰隊基地，離名古屋不遠。

盛田昭夫在那裡接受了四個月的軍官教化和訓練課程，軍事訓練的條件異常艱苦，而且訓練的難度和強度都很大，但是這對盛田昭夫來說是很值得的鍛鍊。

提心吊膽地工作

在當時的年代，只有像盛田昭夫一樣的理科生，才能暫時免予徵兵。那時日本掀起一股戰爭的狂熱，戰爭成了人民生活的中心，盛田家收到一封徵召信，正在早稻田大學主修經濟的弟弟盛田和昭被徵召入伍。

還是中學生的盛田正明也和同學一道自願參軍，這兩個消息給了盛田家沉重的打擊，尤其是盛田昭夫的媽媽。她失聲痛哭，責怪盛田正明不體諒她。盛田昭夫也忍不住責備盛田正明，說他那麼小就去參軍，簡直是異想天開！

盛田正明卻回答說，因為同學都去了，自己如果不去的話，會被別人認為是不愛國，可能還會遭到嘲笑。盛田昭夫對他說：「你太自私了，一點也沒有考慮過母親的感受。」

盛田正明哽咽得說不出話來。

母親說：「戰爭可不是什麼好玩的遊戲，你可能再也見不到媽媽了。」

盛田昭夫也說：「真不懂你為什麼願意去參軍。」

「願意？鬼才願意。這個時代有我選擇的餘地嗎？」一直沉默的盛田和昭終於說話了，「大哥你不是也不願意參軍嗎？可是結果怎麼樣了呢？不也成了一名職業軍人嗎？與其整天提心吊膽，擔心自己會被選中參軍上戰場，索性自願加入。」盛田和昭悲憤地說。

一時間空氣似乎凝固了，大家都明白，在戰爭的年代裡，這是誰也無法逃脫的命運。看著哀傷欲絕的母親，盛田昭夫卻找不到一句安慰的話。

當時入伍通知都是用紅紙印發，上面寫著報到日期和違反命令的懲罰，男人們就被這張紅紙信所束縛。

望著眼前的紅紙信，上面不過貼了一張郵票，它卻給整個盛田家帶來緊張、恐怖和絕望！ 在戰爭年代裡，人的生命價值就像一張郵票。

沒過多久，入伍的日子來臨。母親親自為兩個兒子整理草黃色的國民服。父親表情嚴峻，強忍著內心的悲痛。就要離家了，盛田正明忍不住放聲大哭，母親取下頭上插的髮梳，放進兒子手裡說：「多加小心，一定要回來。」

在日本文化裡，據說在九死一生的關頭，身上帶著親人的梳子就能夠保全性命。街道主任和肩上橫掛著「愛國婦會」帶子的婦女們，簇擁著昭和正明走了。

母親一聲不響地站在那裡，淚流滿面，也許是對兒子在戰爭中的生存也失去了信心。盛田昭夫那瘦削的肩膀顯得特別有力，他輕輕抱著母親，感到母親在他懷裡顫抖不已。

盛田昭夫把盛田正明送上火車，他倆都哭了，盛田正明參加了海軍飛行訓練。幸運的是，他還在訓練初期階段時，戰爭就結束了。三兄弟經常同時在海軍飛機上。他們試圖製造一種熱追蹤武器，為了實驗，盛田昭夫經常帶著實驗儀器乘坐夜間飛機。他的同事教他開飛機，當然，這不是正式的。

有一段時間裡，母親對他們在戰爭中活下來已不抱希望，幸運的是他們三兄弟居然安然無恙。

對美國的戰爭是一場悲劇，它使大部分日本人感到震驚，儘管宣傳媒體全都指責西方國家聯合攻擊日本。在一九二〇、一九三〇年代，盛田昭夫還是個孩子，當然不懂那時的政治事件。

不管什麼時候，父親與朋友聚會都會談到時局的危險。他們是商人，比法西斯分子開明得多，但他們也無可奈何，在公眾場合只有保持沉默。

學校裡的年輕人只相信當局的話，而那時的新聞有所傾向，日本的侵略行為也被加以美化。有些人聽說了在南京發生的事，盛田昭夫相信父親聽到的比他說出的多，但年輕人很少關心這類事情。盛田昭夫知道美國與日本之間的關係正在惡化，但他絕對沒有想到糟糕到要打仗。

盛田昭夫製做了一個與收音機相連的鬧鐘，把它設定在每天早晨六點。他清楚記得，一九四一年十二月八日，在美國還是十二月七日，他的鬧鐘自動打開收音機，他聽到廣播說日本空軍攻擊了珍珠港。他大吃一驚。房間裡的每一個人都被這條消息驚呆了，因為當時認為這樣做很危險。

在街頭，高呼萬歲的口號聲不絕於耳，大阪帝大的學生也排著長隊加入遊行慶祝的隊伍，向陸海軍捐款獻物的狂熱分子隨處可見。報紙上，軍事記者不斷發表隨意誇大的文章，就連大本營和海軍軍令部、陸軍參謀本部的人員也同樣沉醉於自以為是的「強國」夢中。

就在日本全國上下陷入一片狂熱中時，作為聯合艦隊司令的山本五十六，在日本的聲譽也達到高峰。在盛田昭夫收聽到日本突襲珍珠港後，美國國會當天通過決議：向日本宣戰。

羅斯福總統在國會上發表了對日宣戰的演說：

「昨天，一九四一年十二月七日，將成為我國的國恥日。美利堅合眾國遭到了日本帝國海、空軍有預謀的突襲。日本昨天對夏威夷群島的襲擊，對美國海、陸軍造成了嚴重的破壞。我很遺憾地告訴你們：許多美國人被炸死。

昨天，日本政府襲擊了馬來西亞；昨夜，日本部隊襲擊了香港；昨夜，日本部隊襲擊了關島；昨夜，日本部隊襲擊了菲律賓群島；昨夜，日本部隊襲擊了威克島；昨夜，日本人還襲擊了中途島。日本在整個太平洋區域發動全面突襲。昨天和今天的情況已說明了事實的真相，美國人民已經清楚了解到，這是關係我國存亡安危的問題。

作為海、陸軍總司令，我已指令採取一切手段防禦。我們將永遠記住這次襲擊，無論需要多長時間去擊敗這次侵略，美國人民正義在手，有力量奪取徹底的勝利。我保證，將完全確保我方安全，確保我們永不再受到這種背信棄義行為的危害，我相信這說出了國會和人民的意志。

大敵當前。我國人民、領土和利益正處於極度危險的狀態，我們絕不可閉目無視。我們相信我們的軍隊、我們的人民有無比堅定的決心，因此勝利必定屬於我們，願上帝保佑我們。

我要求國會宣布：由於日本在一九四一年十二月七日星期天，無故卑鄙襲擊我國，美國同日本已經處於戰爭狀態！」

盛田昭夫當然沒有聽到羅斯福總統的聲音，那天上午他聽到的是天皇發布的《宣戰詔書》。享有萬世一系皇祚之大日本帝國天皇，昭示忠誠勇武之眾：

「朕今向美國及英國宣戰。朕希望陸海軍將兵奮其全力從事交戰；朕希望百官勵精奉職；朕希望眾庶各盡其本分，以期舉億兆一心之全國總力，達到征戰之目的，期無失算……」

盛田昭夫從小到大，一直相信西方技術高人一籌，例如，那時只有在美國才能買到金屬真空管，而在日本沒有任何同類產品。盛田昭夫曾買過美國無線電公司的真空管做實驗。他透過電影、汽車、留聲機還有他叔叔，了解到美國的技術，所以盛田昭夫認為大錯已經鑄成。

但在珍珠港事件以後的幾個星期，報紙上一直刊登日本軍隊節節勝利的大好消息，日本軍隊打沉了兩艘從前認為不可能戰勝的英國主力戰艦「威爾斯親王號」與「卻敵號」；日本軍隊還占領了菲律賓和香港。

這一切都發生在十二月份，盛田昭夫開始想，日本軍隊的實力比自己認為的更加強大。戰爭一旦開始，廣大公眾，也包括盛田昭夫的父母，都相信除了為戰爭共同努力之外，沒有其他變通的辦法。

報紙上連篇累牘登載美國對日本施加壓力的新聞，諸如歧視日本人的移民法、要求日本撤離中國，而只有法西斯主義才能保護日本，使之免受其害。

軍國主義政府所做的每件事，看上去都像是天皇的御旨，他們強迫大人和孩子做一些匪夷所思的事情。一間學校的校長在背誦《教育敕令》時發生了一點錯誤，就要自殺贖罪。

警察和特警四處巡視，只要他們懷疑一個人有一點不忠、不順從或者不恭敬，就將其逮捕。當電車經過東京皇居周圍時，售票員必須及時通告，每個乘客都要鞠躬。學生要對寫有天皇聖訓、隨身攜帶的神龕鞠躬。這些都是軍方控制國家的辦法，而普通人只有順從。

對這些做法懷有不滿之心的人其實不少，但要想表示出來卻很難，也很危險。反抗者被送進特殊的「教化營」中，如果再頑固不化，就會被迫去做最卑賤的苦役，所有左翼人士和共產主義者都被管制起來並關進監獄。

四個月的軍事訓練結束後，盛田昭夫得到了中尉軍銜，並奉命返回橫須賀的光學部。他被調去監督一個特殊小組，他已經被疏散到鄉下，在那裡研發熱導引武器和夜視瞄準器。他們的基地設在鎌倉南邊的一個小鎮，正對著相模灣。他們的組長是一名大佐，組員中有一些高級軍官，加上兩三名和盛田昭夫一樣的中尉和幾名少尉。

一位年長的中尉當值勤軍官，相當於總務長，那就是盛田昭夫。如果在艦上，盛田昭夫應該是甲板值勤軍官。他必須處理生活中的所有瑣事，包括為小組提供食品，儘管他擔負著這樣的工作，但身處鄉間的環境還是令人心曠神怡。

他們的工作站是一所西式房屋，表面用灰泥裝飾，還附有一落庭院花園，電影廠常將這裡作為西式背景。房子建在海灘上面的懸崖腳下，盛田昭夫在附近的一家旅館使用一個房間，那家旅館已被海軍租用，作為軍官宿舍。

每天早晨，盛田昭夫沿著海灘，從旅館走到工作站去上班。那時美國的 B29 轟炸機幾乎每天都要攜帶燃燒彈和高爆炸彈轟炸東京、川崎和橫濱，回來的路上也會從他們那裡經過，但海灘上有時卻非常安寧，看上去有些不協調。

雖然盛田昭夫還年輕，但已經在家裡受過大量的管理訓練，所以他可以照顧全組人的生活。小組的食品短缺，他們不得不想辦法補充。盛田昭夫手下有一名非常聰明的少尉，他與一名魚店老闆成為朋友，這個老闆經常到海灘上來。作為海軍，他們配給了一點米酒，米酒當時非常短缺，於是他們用米酒換取新鮮的魚。

但這還是不能滿足年輕人的食量，盛田昭夫想出了另一個主意。他利用軍郵寫了一封信給家裡，讓他們寄一桶醬油和一桶豆醬來，上面註明「供海軍使用」。當時盛田公司正在為陸軍生產脫水豆醬，日本人生產這種東西並不需要更多原料，只要有醬湯就行了，公司還為海軍生產一些酒精製品，這樣的貨物看起來並沒有什麼奇怪。

這是盛田昭夫做的一件違反規定的事，雖然他明知不可，但當時他們只有想辦法生存下去。而且如果有人追究，盛田昭夫也可以成功為自己辯護。

豆醬和醬油運到後，他們藏到地下室裡。只要一有魚，他們就用這寶貴的貯藏品交換。用這種辦法，使小組的人都吃得比較飽。

盛田昭夫在一個特別項目組服役，這個小組由陸軍、海軍和非軍方的研究者組成，工作是研發熱搜尋裝置。為了這個，需要大膽又富有創造性的思維，他們集中智慧迎接挑戰。

組裡一位非軍方代表，是一名出色的電子工程師井深大，當時他自己開了一家公司，是注定影響盛田昭夫巨大的人物。井深大比盛田昭夫大十三歲，他卻與盛田昭夫結下忘年交，成為同事與合作者，以及後來創建 SONY 公司的共同奠基人。

成為這個研發小組的一名成員，對於盛田昭夫來說令人興奮。雖然他年輕氣盛，但他卻習慣與長者為伍。他們聚在一起，進行一個超前時代的研究。小組成員在一起的時間不短，大家彼此非常了解，但是對熱搜尋裝置的研究卻沒有什麼進展。

美國的響尾蛇飛彈，就是他們當時想要製造的那種裝置，但是直至戰後它才問世。

那時盛田昭夫只不過是剛剛從大學畢業的學生，但是在開聯席會議時，他會遇到著名的教授和陸軍軍官，他們會在桌子對面傾身問道：「對於這一點，海軍是什麼意見？」

對這樣的問題盛田昭夫必須盡可能嚴肅地回答：「嗯，先生們，海軍的看法是……」

在這種時刻，盛田昭夫會由衷地感謝父親的訓練。

井深大先生對小組有重大的貢獻。他原來在自己的日本測定器公司裡設計出一種大功率放大器，它透過檢測地磁場的擾動，可以探測到水下三十公尺處的潛水艇。這種裝置懸掛在飛機的下面，核心就是井深大先生的放大器，它的能力足以探測到非常微弱的訊號並把它的頻率從 1Hz 至 2Hz，變成易於察覺的 600Hz。

盛田昭夫聽說在全面實驗這種儀器時，曾在臺灣附近偵察到二十六艘潛水艇，但是在實戰中為時已晚，當這種儀器準備好的時候，已經沒有足夠的飛機來配置這種儀器了。日本喪失了制空權，美國軍隊正在逼近日本本土，他們攻打南部的一系列島嶼，每天轟炸摧毀日本的飛機工廠。

隨著的時間推移，對東京和川崎、橫濱所有的工業、軍事區域的空襲日益頻繁，日本的軍港在三浦半島上，這些被炸區域就在盛田昭夫工作地點的北邊。不管什麼時候發生空襲，他們周圍都會響起警報，雖然他們從來沒有被炸，但還是會受到驚嚇。

對盛田昭夫來說，他們的房子正好在懸崖下面，很難被炸彈炸到，也沒有人會來炸他們。誰會想轟炸懸崖呢？他們並不是行動的軍事力量，美國人根本不知道他們的存在。

這不是從軍事上考慮，而是從邏輯上考慮，即使被炸那也是偶然。於是盛田昭夫召集所有人，和大家分析他的想法：

「根據海軍條例，無論什麼時候響起警報，我們都應該起來，穿上軍服，按指令到位。但我們的位置看起來不可能遭到轟炸，所以以後即使響起警報我也不想叫醒大家。」

其他人似乎都喜歡這個做法。

「另一方面，」他又警告大家說，「如果有炸彈落到這裡，我們也無可奈何，大家都完了。」

同事都樂意地接受盛田昭夫的推斷。為了做表率，盛田昭夫搬出旅館，非常戲劇性地把儀器都搬到工作站二樓。不管怎麼說，這是一個勇敢的行動。盛田昭夫覺得美國人沒有任何理由，轟炸一個像這樣的地方。

最後，他們再也沒有做任何重要的研究，與其每次警報響時都起來，第二天又由於缺乏睡眠而精神疲憊，還不如蒙頭大睡。

清理戰爭的廢墟

一九四二年四月十八日，由詹姆斯· 杜立德中校指揮的美國 B25 轟炸機群，轟炸了東京、橫濱、名古屋和神戶。這次異常危險的作戰行動，旨在鼓舞美國人的士氣，給日方造成的損失甚微，但對日本當權者的心理衝擊卻很大。

這種陸用 B25 雙引擎中型轟炸機，由起重機吊到「大黃蜂號」航空母艦上，在波濤洶湧的大海上冒險起飛，直奔一千公里外的目標。這是陸軍飛機第一次從航空母艦上起飛，每次起飛成功都是一個奇蹟。

完成低空投放炸彈的任務之後，十三架飛機按預定計劃，降落在中國國民黨軍隊控制的機場上。一架飛機在海參崴附近的蘇聯領土上降落，機上人員被蘇聯當局扣留，其他幾架飛機燃料耗盡，不得不在日本在中國的占領區迫降，八名美國飛行員被日軍俘虜，日軍逼迫他們提供有價值的情報。

詹姆斯· 杜立德的 B25 空襲證明：天皇本人也處於空中報復

的威脅中。這時即將舉行慶祝天皇四十一週年誕辰的盛大閱兵式，連連召開高級官員會議，商量在閱兵式進行中，若出現空襲警報該怎麼辦？

在一九四五年的七月和八月中，幾乎每天每夜都有對東京和橫濱地區的空襲。盛田昭夫他們可以看到銀色的 B29 飛機，在轟炸內地之後從頭頂上飛過，附近的高射排炮向他們開火。有時從窗口可以看到 B29 被擊落，掉到海裡。曳光彈劃過天空，彈片撒向大地，空襲時可以感覺到地面在顫抖。

一九四五年七月二十六日，波茨坦會議通過美、英、中三國聯合宣言，這是對日本的最後通牒。

宣言聲稱：

「我們無意使日本民族遭受奴役，也無意滅亡其國家，但戰犯將受到嚴懲，特別是那些殘酷虐待我方戰俘的人。戰後日本政府應排除一切障礙，復興和加強日本人民的民主傾向，實行言論、宗教和思想自由，尊重最基本的人權……」

但是，日本的戰爭狂人對《波茨坦宣言》不屑一顧，叫囂要把戰爭進行到底！

杜魯門又等了一個多星期，沒聽到東京的任何回音。

一九四五年八月六日八點十五分，兩架 B29 轟炸機出現在廣島上空。人們對 B29 已司空見慣，以為這是例行偵察，許多人甚至沒有打算躲進防空洞。

前面一架飛機打開艙門，用降落傘投下人類歷史上的第一顆核彈。

突然之間，廣島這個美麗的港口城市一下從地球上消失了——一道強光從人們眼前爆開，接著一個中心氣溫高達一億度的火球騰空而起。爆炸中心的人群和牲畜被核彈徹底毀滅，被毀滅的人，只是在人行道上或石牆上留下了一個個依稀的輪廓。

距離爆炸中心投影點四公里的地方，熱力仍能灼傷皮膚。數以千計女人身上的衣服，深色的部分全部被燒燬，淺色的部分則完整無缺。從光學常識判斷，深色的衣服吸收的光要比淺色的衣服多得多。黑色會吸收所有的光，而白色幾乎不吸收光。因此，她們身上的皮膚，就跟和服的花紋一模一樣。

熱浪過後，是狂飆似的氣浪，在爆炸中心投影點周圍方圓十三平方公里，所有的建築物不是被大火焚燬，就是被爆炸後的氣浪推倒。

爆炸幾分鐘後，下了一場雨點大如子彈的黑色「原子雨」。原子雨過後，颳起了颶風。由於核彈爆炸後形成了真空，颶風從四面八方吹回中心……

B29 轟炸機駕駛員正在返航，他們遠遠地看到一團蘑菇雲從廣島升起。卻不知道在這朵蘑菇雲升騰之際，廣島的十五萬市民和軍人永遠從地球上消失了。

正在日本陷入一片恐慌之際，杜魯門總統就核彈爆炸之事，發表了風格怪異的聲明：

「這個太陽從中獲取能量的源泉，現在可以使日出之國化為一片黑暗。在這個國家的皇位寶座上坐著一個太陽之神——天照大神的嫡傳子孫！」

關於爆炸的詳細報告下午才送到東京，日軍大本營立即明白發生了什麼事，日本在核武研究的進展，足以使日軍軍事指揮官知道這是一枚什麼樣的炸彈。

軍部將炸彈的性質告訴了裕仁天皇。

天皇和他的內閣聞訊後再次陷入麻木狀態，整整一天過去了，他們沒有想到任何結束戰爭的辦法，但盟國的忍耐總是有限度。八月九日凌晨，蘇聯對日宣戰，蘇軍遠東總部司令華西列夫斯基元帥，率領蘇聯紅軍在四千四百公里的中蘇邊境線上，向日軍發起強大攻勢，日本精銳部隊關東軍遭到毀滅性打擊。

與此同時，美國的第二顆核彈落在長崎，蘑菇雲又一次升起，當這朵美麗的雲彩飄散後，長崎瞬間淪為廢墟，昔日繁華的街市化為焦土，二十萬生靈塗炭……

當廣島核彈爆炸這個令人難以置信的消息傳來時，盛田昭夫正在與海軍同僚共進午餐。情報非常簡短，甚至沒有談到投的是什麼種類的炸彈。但對於一名離開學校不久而且還獲得過物理學學位的技術軍官而言，盛田昭夫知道這是一種什麼樣的炸彈，以及它對日本和自己意味著什麼。

儘管日本從未戰敗過，但前景已經十分明朗。幾個月以來，盛田昭夫一直認為日本會戰敗，繼續打下去是徒勞無功。同時他也知道，軍方想戰到最後的一兵一卒。當時盛田昭夫年僅二十四歲，獲得了大阪帝國大學的學位，與軍中一些科學家和工程師組成一個紀律嚴明的小組，試圖完善熱導引武器和夜視瞄準器。

軍方希望日本的技術能夠扭轉戰爭趨勢，他們仍在努力地工作，但也知道為時已晚，他們的計劃不可能成功。因為他們不僅缺乏資源，還缺乏時間。

廣島事件發生後，盛田昭夫認為他們的時間已經用完了。

盛田昭夫不像當時的那些平民，受到警察和軍方的嚴密監視。他可以接觸海軍的情報，可以收聽短波廣播，儘管一個海軍軍官在不值班時這樣是違法的。他在一九四五年八月六日之前，就知道美國的軍事力量占有壓倒性優勢，日本肯定會輸掉這場戰爭。

但盛田昭夫沒有想到的是，日本竟會遭到核彈攻擊，核彈使每個人都大吃一驚。

在那個炎熱、潮濕的夏日，人們無從知道扔下來的那顆核彈有多麼可怕。盛田昭夫在軍營餐桌上得到的那份新聞通報，只說扔下的炸彈是「一種新型武器，它發出強烈的光，照耀大地」，這些描述足以使盛田昭夫肯定是一種核能。

實際上，日本軍方封鎖了廣島事件的詳細消息很長一段時間，而且一些軍官拒絕相信美國人已經擁有這種武器。

日本所掌握的理論知識，還不足以預測到這種武器的毀壞能力，從而無法判斷出它會使多少人失去生命，然而盛田昭夫曾見到過常規轟炸的後果。

其實，三月九日的深夜至三月十日的凌晨，一批又一批的B29 轟炸機扔下大量的燃燒彈，幾個小時之內燒死了十萬人，當時盛田昭夫正在東京。他也見過自己的家鄉名古屋遭到大轟炸後的可怕場景。

一九四五年，日本的大部分主要工業城市，除了京都之外，都被炸為廢墟，日本人的土地上堆滿了成千上萬燒黑的屍體。盛田昭夫無法想像核彈還能夠製造出更可怕的場面。

核彈是在八月六日上午八點十五分投下，但盛田昭夫他們直至八月七日才得知這個消息。盛田昭夫對廣島核彈的反應是一個科學家的反應。坐在餐桌旁，面對戰時的日本可以說是相當奢侈的午餐，盛田昭夫卻一點也不想吃飯。

他看著同事，對餐桌上的每個人說：「我們最好現在就中止研究。如果美國人能夠造出核彈，那只能說明我們在各個領域都差得太遠，無法追上。」

為了這件事，他的上司對他非常惱火。

盛田昭夫早就知道核能的潛在威力，但他認為至少還要花二十年才能研發出核彈，所以當他知道美國人已經造出了這種炸彈，確實大吃一驚。很明顯，既然美國人已經領先了這麼遠，那麼相比之下，他們的技術就是原始落後，不可能再設計出什麼新武器與之匹敵。

盛田昭夫想像不出日本還能在短時間內，造出什麼樣的新型武器或者防禦設施，與這種炸彈對抗，廣島事件對他來說真是難以置信，

雖然盛田昭夫知道美國技術與日本技術之間有落差，但他一直認為日本的技術還是相當好。在此以前的確如此，何況他們還不斷地試圖從別的地方得到新思維。比如說，有一次他們從一架擊落的 B29 轟炸機上，找到一台毀壞的設備，從而了解到美國人使用的技術和不同的電路，但並不比日本的好多少，這更增加了他們的信心。

在一九四五年的八月，當盛田昭夫意識到日本的前途和他個人的命運都將發生巨變時，他感覺到焦急不安。他長時間的思索未來後，和其他軍官一樣，請假回家探望家屬。

在盛田昭夫請假回家處理名古屋事務的過程中，美國第二顆核彈落在長崎。

一九四五年八月九日凌晨，蘇聯發起對日作戰。在遠東軍隊總司令華西列夫斯基元帥指揮下，蘇聯紅軍百萬雄師以迅雷不及掩耳的凌厲攻勢，從各個方面突入中國東北的中蘇邊界，對日

本關東軍發起全線總攻；與此同時，中國抗日戰爭的各個戰場，也向日軍發起總反攻。

一九四五年八月十日，日本內閣終於接受了《波茨坦宣言》的日本政府的正式照會，所有內閣成員都在照會上簽了字。幾小時後，電報發往日本駐伯恩和斯德哥爾摩的大使館，從那裡轉發到華盛頓、倫敦、莫斯科和重慶。

電文如下：

「日本政府準備接受一九四五年七月二十六日，由美、英、中三國首腦在波茨坦發表、後由蘇聯政府參加簽署的聯合聲明所提出的所有條款，如果該聲明不包括任何有損於天皇陛下作為日本最高統治者的特權要求。」

同一天，美國政府收聽了日本接受《波茨坦宣言》的廣播，隨即徵詢英、蘇、中三方意見，發表了一道覆文：

「自投降之時起，日本天皇必須聽命於美國最高司令官……日本政府之最後形式，將依日本人民自身表示之意願確定之。」

然而所有一切，包括日本準備投降的決定，公眾還一無所知。日本政府還不知道以何種方式向人民宣布政府的決定。直至美國 B29 轟炸機在繼續轟炸的同時，撒下用日文印製的盟國照會的全文傳單，盛田昭夫才知道戰爭馬上就要結束了。

當初是一名軍官說服了盛田昭夫加入海軍，為了可以參加一項研究，這樣他就可以繼續學習，還可以避免遠離本土幾千公里，參加毫無用處的海戰，白白犧牲生命。自從廣島和長崎遭到核彈襲擊之後，盛田昭夫比以往更加堅信，日本應該盡可能網羅各類人才。

第二次世界大戰，以日本戰敗告終，而日本的戰敗是有著深刻的歷史根源。封建性和軍事性的結合，就是日本近代資本主義的基本特徵。

由於經濟發展的滯後性，日本的資本主義一誕生，就奉行「殖產興業」、「富國強兵」政策。為迅速獲得發展所必需的資本累積和盡快工業化，為避免淪為歐美列強的殖民地，進而攫取海外原料市場，在對內殘酷剝削的同時，對外不斷發動侵略戰爭，走上了一條以侵略和戰爭以發展經濟的道路。

透過獲得割地、賠款和建立殖民地，日本經濟實力迅速膨脹，不僅在四十年內完成了工業化，奠定了重化工業的基礎，而且在經濟發展速度和對外出口方面超過了老牌資本主義國家。

但畸形的經濟發展不可能持久，由於過度發展為侵略戰爭服務的軍事工業，擾亂了日本正常的工業發展秩序，最終形成只有依賴從外部進口重要機器設備和原材料，才能維持其工業正常運轉的局面。侵略戰爭的非正義性和畸形經濟的不穩定性，導致日本封建軍事經濟崩潰。

第二次世界大戰結束後，日本島成了一片戰爭的廢墟。

參與處理戰後事宜

日本投降後，世界格局發生了變化。

天皇在此以前，從來沒有直接對臣民說話；而現在他親自出來告訴百姓，今後的日子會很艱難。他還說，日本人民可以「為萬代後世鋪平通往和平之坦途」，為此他們必須「忍耐無法忍耐之痛苦」。他希望日本向前看，說「聚集全部之力量貢獻於建設未來」，還要求國家「保持與世界共同進步」，這是一個挑戰。

盛田昭夫知道他的義務，是回到工作站完成被要求完成的事情。雖然戰爭已經結束了，但沒人知道今後會發生什麼事。他們中的非軍方人員還很年輕，其中不少還是女青年。因為盛田昭夫是值班軍官，所以應該對他們負責，思之再三，看來還是盡早地送他們回家較為妥當。

盛田昭夫不知道在這個艱難時期，他這麼做會受到什麼處罰，也不知道會不會有人將他們關進監獄。

盛田昭夫對母親說：「無論發生什麼事，我都必須回去。」

盛田昭夫想，如果汽車和火車都停駛了，那麼要返回基地可能就要三天的時間。他覺得大部分的地區交通都會中止，所以自己必須搭便車回去。那樣的話，食物在路上不好取得。為此，盛田昭夫讓母親替自己準備一點路上吃的東西，於是母親為他做了很多飯糰。

盛田昭夫騎著一輛借來的腳踏車，來到七八公里以外的火車站，由於他是一名軍官，所以很容易就買到一張夜車的車票。

他在候車室裡等待，以為要等一個通宵，但出人意料的，火車竟然準點到達，日本人在戰時也保持著守時的傳統。車上的旅客很少，車廂打掃得整潔舒適，他一路順風地返回了工作站，結果準備吃三天的飯糰還剩不少。

盛田昭夫的任務比他想像的要容易一些。雖然他沒有親眼看到，但當時的日本到處都是恐懼和混亂，正如他所預料，一些軍人企圖阻止投降，例如一名叫小野的海軍大佐和一批空軍軍官，召集他們的士兵，告訴他們投降就是叛變。

那個地區的好幾個空軍部隊，威脅要在美國艦隊進入東京灣接受投降時發起自殺攻擊，軍事事務局立即採取了防範措施，命令所有飛機解除武裝，並將油箱排空。

一些少壯軍官曾計劃占領皇宮，以此來鼓勵其他軍人加入他們的行動反對投降。有一小批暴亂者攻擊了首相官邸，鈴木首相稍加思索後，從一個緊急出口逃出了私宅。

暴亂者想搜查掌璽大臣磯多侯爵，但是他當時安全地躲在皇宮中。有些陸軍和海軍的飛行員甚至駕機從東京地區上空飛過，散發傳單，向市民呼籲抵抗，聲稱天皇的公告無效。

陸軍的一些軍官以自殺的方式抗議投降，因為從技術上講，儘管軍隊傷亡慘重，戰爭中陣亡的日本陸、海、空三軍將士不下兩百多萬人，但軍隊還沒有被打垮。直至最後，軍人中的那些狂熱分子也只好在不可迴避的事實面前低頭，去「忍耐無法忍耐之痛苦」。

八月十六日盛田昭夫回到工作站，他的同事驚奇地看著他，特別是那個威脅過他而又被他奚落過的中尉。所有人看來都處在一種茫然不知所措的狀態中。

大量的日本士兵很快就從日本各地的基地趕回家，火車和汽車越來越擁擠。他們中的很多人都不太容易理解為什麼要投降。戰場上的大多數日本軍隊還沒有被打垮，稀疏地分布在亞洲各地。但在雷特、江華島、塞班島和沖繩的一連串慘敗，美國對本島的空中優勢以及使用核能，已足以證明戰爭不可能打贏。

廣島投下核彈以後，蘇聯又對日宣戰，在日本國內引起巨大的恐慌，人們都很擔心這個以前的假想敵人，會在日本處於劣勢的時候乘機占領日本。蘇聯占領了庫頁島以及北海道北邊的四個島嶼，其中最近的一個在日本本島的視野內。

在戰爭結束時，很多在中國東北的日本家庭妻離子散，中國人收養了很多日本僑民的孤兒。在某些情況下，無法逃走的日本父母，說服了中國人的家庭收養他們的孩子，並保護他們。

對於大多數日本人而言，戰爭的結束是一個很大的解脫，但同時也是民族的悲劇。日本的報紙在美軍占領初期，登載了一些描述占領者的文章，令人驚奇。例如《讀賣新聞》是這樣描述一批美國海軍航空兵的：

「非常隨和，和藹可親；不管是在講話還是在行為中都沒有表現出勝利的驕傲。從今以後，日本人在與美國占領軍接觸時，都應該關注這種和藹可親的態度。」

有些日本人甚至為美國占領軍的到來舉杯慶賀，但大多數人看到他們還是有點反感和懷疑。

當時，盛田昭夫所在的部隊沒有接到命令。他們只好等了幾天，每天除了喝酒，沒有別的事情。接到的第一個命令，是讓他們將重要文件燒燬。盛田昭夫燒掉了所有個人文件，包括全部的報告和實驗數據，還有幾個私人筆記的記錄本。

後來又接到一個命令，讓他們保留一些特殊種類的資料，但是太晚了，所有的東西都隨著煙霧一去不復返。因為誰也不知道美國人會怎樣處置被征服的日本人，所以當時全日本有很多人都把他們的記錄燒燬，也不管美國人會不會尋找犯罪證據或者別的。

報社燒掉了照片文檔，一些公司毀掉了資料，其實這些都沒有必要，還有一些人把家裡的重要文件埋到花園裡。

盛田昭夫所在部隊還接到命令，要破壞所有重要機器，但是盛田昭夫他們沒有任何特殊機器，甚至連武器也沒有。最後一個命令，是授權給盛田昭夫本人的：將工作人員遣散回家。

這正是盛田昭夫在等待的命令，但是說得容易，做起來卻很困難。缺少車輛運送普通的工人，這些人的家庭分散很廣，搬到離原來地方很遠的遣散區。盛田昭夫必須計劃好，怎樣才能使這些人盡快起程。

盛田昭夫他們意識到，辦公室家具和實驗室設備有價值，在物資短缺年代，甚至比錢更加有用。他們已經接到命令要把這些東西毀掉，而在一些部隊裡，有人把這些財產拿回家，到黑市上變賣。

從這些謀取私利的人身上，盛田昭夫他們得到啟發，他們與當地最大的卡車運輸公司洽談，把實驗的蓄電池給他們，而他們負責把盛田昭夫等人的行李送回家。那家公司的卡車急需配備蓄電池，所以樂於交換。盛田昭夫又加上了一些辦公室的設備、櫃子和辦公桌。

火車站站長也很高興地要了一些舊家具作為交換，他為盛田昭夫的非軍方人員，提供了直達火車票和行李運輸。

盛田昭夫先將高中生和年輕婦女送回家。有謠言說，海軍軍官會被定為戰爭罪犯，非軍方人員可能被逮捕。盛田昭夫認為這不太可能，也不符合邏輯，因為他們幾乎沒有與美國人交戰，但是這種恐懼在混亂的局勢下很容易出現。

從安全方面著想，盛田昭夫相信，最好還是讓他們的人趕快回家。

盛田昭夫他們完全不知道美國軍隊會有什麼行為，婦女還是先回家。戰爭中缺乏工程人員，他們部隊來了一批高中理科三年級的學生。

盛田昭夫也想先把這批孩子送回家，但其中有兩個已經無家可歸，因為他們的父母住在朝鮮或是滿洲，所以盛田昭夫只好讓他們暫時到自己家去。

所有的婦女和年輕人都被送回家，再也沒有什麼事情要做了。他們有一架望遠鏡，可以看到那些美國軍艦源源不斷地開進相模灣，他們準備去東京灣，參加在美國軍艦密蘇里號上舉行的投降文件簽署儀式，彷彿整個美國海軍都湧入了他們面前的海灣。

盛田昭夫很想離開，而最後時機終於來到，他搭第一班火車趕回家。這次團聚的人真多，兩個弟弟幾乎也在同一時間回到家中。他們弟兄三個都活下來，而且沒有受傷，父母都非常高興。他們都盡到了自己的職責，又安全地回到家裡。

戰爭時期，軍方利用了日本人執著的性格，他們總是自願發起運動，就像在盛田昭夫的弟弟班上那樣。很多熱血青年在這種氛圍中都自願參加，雖然當年很多神風特攻隊員由於沒能參加最後的拚命而沮喪，但他們也很慶幸那時失去了機會，而留下了性命。

戰後，天皇作為國家的象徵在全國各地巡視，發表演講。他改變了以往神的形象，像一個令人尊敬的父親，日本開始恢復正常的平靜生活。對於很多人來說，戰爭已經結束了。

在大阪、名古屋和東京這些城市的市區，只剩下了一些堅固的混凝土或石材建築物。B29 轟炸機群扔下了雨點似的大量燃燒彈，脆弱的、用木料和紙做成的房屋、商店、工廠，被燒得一乾二淨。穿過居民區的防火巷本來是為了用來限制損失區域，但因為風使餘燼亂飛，也就不起作用了。

在東京，戰前七百萬人口中的一小半，在轟炸開始之後還留在城裡。大約四百萬人已經遷到鄉下或者其他小城鎮。這場災難比一九二三年的關東大地震更嚴重，但大火引起的損失是一樣的，有些東京人在一生中目睹了這座城市的兩次毀滅。

東京城裡只有百分之十的電車在運行。公車也只剩六十輛還可以開，再加上一小部分轎車和卡車。液體燃料用完後，大部分車都改以燒焦炭和木柴為燃料。

疾病蔓延，結核病在一些地區高達百分之二十二。醫院裡什麼都缺，甚至沒有繃帶、藥棉和消毒劑。商店的貨架上空空如也，或者放著一些賣不出去的廢物，像什麼提琴弓和沒有網子的球拍等。一些劇院和電影院還有營業，放映電影，人們沒有事情可做，也沒有什麼地方可去，只能擠到這裡來尋求幾小時的開心。

盛田家算是幸運，在戰爭中沒有人死亡，名古屋的公司辦公室和工廠也沒有受到破壞，甚至家裡的房子在轟炸中也沒有遭受大損失。大家鬆了一口氣之後不久，開始議論今後的打算，盛田昭夫是家裡的長子，所以全家特別重視他的意見。

盛田昭夫父親的身體依然很健康，而且仍擔負著公司的業務，這樣的情況下其實並不需要盛田昭夫留在盛田公司裡。戰爭期間，公司繼續營運，生產乾粉豆醬和酒精，所以公司的業務從未中斷。

盛田昭夫在家時提出過一些建議，優化工廠，但也不需要他留在廠裡。父親身邊有足夠的管理和業務人員。另外，盛田昭夫只有二十四歲，所以每個人都同意，他目前還不需要到公司裡。

在家的最初幾個星期，盛田昭夫接到了一位教授的來信，就是那位在高等學校裡，曾給過盛田昭夫良好教益的物理老師。他告訴盛田昭夫，他已經到了東京工業大學物理系，正在幫忙創立一間特別的學校，專門招收那些因為戰爭而中斷學業的理科生。他現在的問題是缺少教師，他急切地希望盛田昭夫能夠去那裡當教師。

盛田昭夫認為這是一個好主意，因為這樣一來他可以繼續研究物理，還可以到東京。既然海軍和日本的全部軍事編制都已經廢除，盛田昭夫希望在那裡可以找到其他自己有興趣的工作。

父母親都同意他去教書，幸運的是當他還在家時，他試著與井深大聯繫，就是那位和他共同研究的傑出工程師，當時井深大在東京開了一家新的實驗室。

盛田昭夫到東京教書。東京城西一帶遭到的毀壞比市中心要少一些，盛田昭夫在城西的一個朋友家中安頓下來，就連忙趕去看井深大。井深大的新公司總部在一個破亂不堪的百貨店裡，看上去令人傷心。但井深大的臉上卻熱情洋溢，在沒人知道自己命運的這種時候，他和他的員工為有工作而感到高興。

因為盛田昭夫知道井深大難以支付薪水，所以他提出一個想法，他可以一邊教書一邊在他的公司裡幫忙。這樣井深大就不必付給他太多錢，雙方都可以過得去。

井深大和盛田昭夫商談許久，商量如何開辦公司，其實他們從第一次見面後就一直在思考這個問題。一九四六年三月他們最後決定，一旦完成全部細節，他們就來著手。

就這樣，盛田昭夫一邊在大學當老師，一邊在井深大這裡當研究員，計劃成立公司。他們兩人都清楚，在正式成立自己的公司之前，還有一個微妙的問題必須考慮，那就是盛田昭夫對自己家庭的義務。

盛田昭夫在回憶與井深大的關係時說：戰爭期間最後幾個月，我一直與井深大保持聯繫。戰爭快要結束的時候，他越來越少到我們的工作站來，因為他已經把工廠轉移到長野縣，在東京的西北邊，坐火車要幾個小時，當時他在東京的工廠和實驗室周圍還有很多小工廠，正好是轟炸的目標區域。他到我們逗子的實驗室參加過幾次會議，我也去過長野的蘋果園，他的新工廠就坐落在那裡。有一天在長野談起我們戰後的打算，因為我們兩個人都從短波廣播中意識到肯定會戰敗。

這時，井深大還有其他的內部消息。他的岳父是前田多門，他是近衛文麿殿下的得肱股。近衛曾多次出任總理大臣，反對軍閥派系，然而他們最後還是在政府中占上風，使日本陷入戰爭。前田後來被選為日本戰後的第一任文部大臣，但在半年後的一次清洗中，因與戰時政府有牽連而被迫辭職。戰爭快結束的時候，前田在東京的家遭到轟炸，搬到了休養勝地輕井澤，離長野並不遠，井深大經常去那裡拜訪。從與前田的談話中，他了解到了很多外交與軍事的情況。

踏上創業之路

事有機緣，機緣處處存在，你不應該放棄任何一個，哪怕只有萬分之一的成功機會。

——盛田昭夫

正式從學校離職

一九四六年四月，當時前田先生已經退休，不再擔任文部大臣。盛田昭夫和前田，還有井深大一起乘夜晚的火車趕到小鈴谷町，他們準備懇求盛田昭夫的父親，允許盛田昭夫加盟新公司。他們知道讓一個準備繼承家業的盛田昭夫改行意味著什麼，所以他們覺得應該當面向盛田昭夫的父親表示誠意。

在日本，請別人的兒子，特別是長子，脫離自己的家庭，而把他永遠地帶進商業世界，是一件很慎重的事，在某種情況下就好像是過繼一樣。

就是現在在一些行業中，特別是小企業，這種做法也還是要與父母正式商量。甚至在大公司裡，當一個年輕人加入公司這個大家庭時，也要表明其家庭背景、受何人推薦以及對雙方的忠誠保證。

這種委託是誠懇的，因為它將貫穿一個人畢生的事業，而不是像在一些流動性更大的國家中那樣，只有幾年的約聘。事實上，盛田昭夫等於有了一個新的家庭，擔負起新責任。

見面寒暄之後，井深大和前田先生向盛田昭夫的父親介紹了新公司的情況，以及他們今後的打算，為了這項新事業，他們絕對需要盛田昭夫的加入。話說完後，他們都在緊張地等待盛田昭夫父親的回答。

盛田昭夫的父親對此事好像有所準備。稍加思索後說道：「我希望盛田昭夫能夠成為戶主，也希望他能繼承家業。」

然後，他向井深大和前田先生說：「但是，如果我兒子想做別的事情發展自己，或者充分施展才幹，那麼他應該按自己的想法去做。」

說完後，父親看著盛田昭夫微笑，他接著對盛田昭夫說：「如果你自己喜歡，就去做你最喜歡的事吧！」

盛田昭夫非常高興，井深大更是喜出望外。

盛田昭夫的弟弟當時還在東京的早稻田大學讀書，他主動答應在父親退休以後接管盛田釀酒公司，大家都鬆了一口氣，感到十分欣慰。

回到東京後，盛田昭夫他們湊齊了錢，準備成立東京通訊工程公司，這筆錢很少，只相當於五百美元，或者說剛剛夠數；很快，他們就把錢用完了，只好經常向盛田昭夫的父親借貸。

父親相信盛田昭夫和他們的公司，所以從不逼他們還錢。盛田昭夫只好給父親一些公司的股份，後來父親變成了公司的大股東。

雖然盛田昭夫可以從東京工業大學的教書工作中得到另外的收入，但他的心並不在教學上，而想專心在新公司裡工作。

有一天，他高興地從報上讀到一條新聞，意思是占領軍當局決定從所有教師中，清洗掉以前當過職業軍人的人。這裡面也有盛田昭夫，因為他曾經是一名職業技術軍官，而且根據他的委任狀，他應該在現在已經不存在的日本帝國海軍中終身服務。執行占領的聯軍總部對舊軍人的清洗是基於這樣一種想法，職業軍人是戰爭中的主要罪犯，他們曾一度控制政府，所以不能讓他們對戰後日本的無知兒童再施加不良影響。

對於盛田昭夫而言，這次清洗是個好消息，他可以有一個很好的理由來撤銷對大學的承諾，還可以在新公司專心工作。他拜訪了服部教授，表示雖然自己很喜歡教學工作，但由於這個消息，他不能繼續留在大學裡了。

但別人告訴他，尚未接到文部省的正式通知，所以不知道應該怎麼辦。學校讓盛田昭夫繼續留任，直至他們接到官方的正式通知為止。

盛田昭夫只好又在學校教了幾個月的書。他很想離開學校，但又深感有義務幫助他的恩師服部教授，不能一走了之。等了很久還沒有見到有通知來，於是他有了一個大膽的主意。

盛田昭夫把報紙上的文章給校長和田小六先生看，向他表示了擔心，如果他繼續留任而被發現的話，校方就會因為「未清洗」受到懲罰。校長考慮了盛田昭夫的意見，最後同意了。就這樣，盛田昭夫的教書生涯結束了，他向服部教授告辭後，高高興興地回到了公司。

幾個月過去，盛田昭夫一直沒有收到將他從大學裡除名的正式通知，學校每個月都要打電話來通知他去領取薪水，因為他的名字還留在薪水單上。雖然他已不再教書，但是為了補償通貨膨脹，每隔兩三個月還要給他加一次薪水。

這種情況一直延續至一九四六年十月，文部省終於頒發了對他的清洗令。那些日子裡，他們的新公司一分錢也沒有賺到，所以能夠繼續領到一份薪水還是很不錯。

一九四六年八月，白木屋百貨店準備重修房屋，他們不再為盛田昭夫他們留一個空間。盛田昭夫等人暫時搬到東京的老城區吉祥寺，但那裡並不令人滿意。最後他們搬到御殿山上的一個非常便宜、荒廢的木棚屋裡。御殿山地處東京南郊的品川，曾一度因其美麗的櫻花而聞名。

一八五三年，御殿山上曾設有要塞，是東京灣防衛體系的一部分。但是當他們在一九四七年一月一個寒冷的日子裡，搬進那間經過風吹雨打的老房子時，御殿山早已失去了往日的雄姿，到處都是戰後破敗的景象，遍地彈痕。

由於屋頂漏水，有時他們不得不在辦公桌上撐一把雨傘。但由於遠離鬧市，他們在這裡更加自在，而且比以前在百貨店裡有更多的空間。

當盛田昭夫的親戚來看他時，都不禁對他的寒酸相大吃一驚，他們認為盛田昭夫已經成了一個流浪漢，並回去告訴了他的母親。

在研發一種新產品時，經常有人向井深大建議製造收音機，因為收音機在日本仍然有很大的需求量，而不是再加個短波接收器就可以滿足。但井深大堅決否絕了這種建議。他的理由是，大公司可能很快就會從戰爭中恢復過來，他們勢必將其元件優先用於自己的產品，然後才賣給其他人。

很自然，他們會將最新的技術保留，盡可能長久地在與他人的競爭中保持領先。井深大和盛田昭夫經常談到新公司的概念，它應該成為一個具有改革精神、明智的公司，用精巧的方法生產高科技的新產品，而僅僅生產收音機並不是實現這種理想的好主意。

生產磁帶錄音機

經過商議，盛田昭夫他們調查了剩下的家庭用具。此時，他們已經賣出了不少的短波接收器，大大增強很多日本人從戰爭中小心翼翼地保留下來的中波收音機，而他們意識到人們還有很多的留聲機。

戰爭期間，不可能找到新的馬達和磁拾音頭，顯然，用這些東西修理、改造戰前或者戰時生產的那種老式留聲機，還是大有市場。

美國新流行的搖擺樂和爵士樂，隨著唱片進入日本，大家都渴望得到。美國人帶來了他們的音樂，興起了一場運動，向日本人展示美國人的生活方式。占領當局控制了廣播電台，學校裡又可以重新教英語，英語廣播也恢復，而這些在戰爭期間都是被禁止。

經過多年的思想禁錮和軍事獨裁，民主、個人自由和平等的思想重新植入了這片土地。

戰後初期，什麼都很短缺，每個人都必須到黑市採購。盛田昭夫所在的新公司，也就是一九四六年五月七日正式成立的東京通訊工程公司，想方設法買了一輛非常破舊的「達特桑」牌小卡車，價錢大約相當於一百美元。

整個公司只有盛田昭夫和井深大這兩個最高領導者有駕照，所以他們不得不自己駕車去交貨、買日用品、為工廠尋找原料，還要做其他雜事。

東京街上的景象一片混亂嘈雜，到處是煙霧和惡臭。汽油短缺，而且價錢非常昂貴。很多轎車、卡車和公車都被改造，使用廢油、焦炭和其他固體可燃物，包括垃圾和煤粉，戰後這些車還在行駛。街上偶爾還出現驢車。盛田昭夫他們想盡方法，才為卡車取得汽油。

許多美國兵賣汽油，用管子從他們的吉普車和卡車油箱中吸取，還有些人乾脆整桶賣。占領當局為了制止這種行為，在汽油中加上紅色染料。街上隨時設置關卡，警察阻攔車輛，憲兵把一根長玻璃管插進油箱中，一頭用手指按住後再抽出來，如果他發現管子中有紅色，司機就要費一番口舌了。

但是不久他們抓到的人就越來越少了，因為有些聰明的日本人發現用焦炭可以把汽油中的染料濾掉，這樣一來，又開創了一種新興行業，使黑市汽油合法化。

盛田昭夫他們知道大電氣公司對更換零件的生意不感興趣，他們生產和銷售新的留聲機。做零件生意肯定不是他們的理想，他們努力的目標是高科技，井深大對現在的情況很清楚。當時他們製造的新型馬達和拾音頭是最好的，正是這些產品，才使得公司沒有因為財政危機而垮掉。

當局為了防止通貨膨脹，對銀行嚴加控制，在流通中凍結了大量的現金，這給盛田昭夫他們造成了不少的麻煩。個人和公司從銀行中提取現金都有一定的上限。這也正是每個人都生產電熱毯的原因，想透過直接銷售多賺點現金。

井深大決心要生產一種新產品，不再是改造戰前市場上已有的產品，而是在日本前所未有的，也就是鋼絲錄音機。他們已經見過德國生產鋼絲錄音機的樣機，日本的東北大學為了這種機器，正在研究一種特殊的鋼絲。

井深大打聽到住友金屬公司可以生產他們所需的鋼絲，這是一種直徑精確度達到零點一毫米的鋼絲，不容易製造。井深大去了一趟大阪，與住友公司商談為新型錄音機生產鋼絲的事，但他們對他的訂貨不感興趣。

井深大的一個朋友叫島茂雄，負責日本廣播協會的戰後重建工程，島茂雄一直推薦讓井深大接這個合約。

日本廣播協會的總部離東京市區的麥克阿瑟將軍司令部只有五百公尺遠，當井深大他們製造的那台設備交到日本廣播協會總部時，每個人都為它的品質感到驚訝，特別是那位原來持懷疑態度的準將，他不懂為什麼一個不知名的小廠，能在臨時工棚中造出這樣的高科技產品。大家都來祝賀，將軍也非常高興。

這期間，井深大在廣播協會總部的一間辦公室裡，發現了一台美國製造的威爾考克牌磁帶錄音機，這是他見到的第一台磁帶錄音機。簡要地查看了一番後，他斷定：他試圖製造的鋼絲錄音機，不能與這種錄音機相比。鋼絲錄音機有明顯的缺點，儘管其設想不錯。

但哪怕只要看一眼新的錄音機，就會知道磁帶要容易使用多了。磁帶不像鋼絲，它可以方便地剪接，所以修改部分可以單獨錄製，再插入到任何地方。在一個較小的捲繞盤上，就可以儲存大量的磁帶，而最大的優點，是磁帶錄音的保真度比鋼絲好得多。

磁帶錄音由德國人發明。事實上，戰爭中德國人曾經用磁帶，錄製了很多宣傳節目，一小時接一小時地播放。

安培克斯公司，是美國戰後最早投入這個行業中生產硬體的幾家公司之一，而主要的磁帶生產廠商，則是明尼蘇達礦業和製造公司，現在改稱 3M 公司，這項技術正不斷地改良。井深大現在正是要生產這種機器，而不再是鋼絲錄音機了。

在此以前，井深大談過可能製造的產品已經太多，以至於同事，特別是會計都有點不耐煩。井深大自己也明白，他的信用越來越薄弱。他下決心要為日本造出新的磁帶錄音機，必須使同事和那位手頭很緊的會計師相信這個主意可行。

井深大與日本廣播協會的那位美國軍官商量，允許他把那台錄音機借回去給其他人看一下。那個軍官有點不願意，但最後還是答應由他自己帶著那台錄音機到他們公司。

大家都上前觀看，看完後，每個人都相信公司的確應該研發，只有會計除外，他叫長谷川純一，是盛田昭夫的父親從家裡派來幫助盛田昭夫，處理公司財務。

公司的總務經理叫太刀川正三郎，他和長谷川兩人對他們做的每件事，都抱著冷淡和批評的態度，他們覺得這個新的計劃費用昂貴，而且也沒有什麼希望，他們認為公司不應該為這項研究花錢。

井深大和盛田昭夫對磁帶錄音機的新概念感到非常激動，而且認定它是一個很適合公司的項目，他倆決定聯合對付長谷川，要讓他看到光明的前途。他們邀他到一個黑市餐廳吃飯，菜色很豐盛，還有啤酒，這在當時非常稀罕。

他們三人又吃又喝，一直到很晚。盛田昭夫和井深大向長谷川解釋了磁帶錄音機的功用，它將會帶來一場工業革命，如果公司在這個領域捷足先登，他們就能打敗所有行動遲緩的大公司。他們必須看清形勢，趕快抓住這個機會。酒足飯飽後，回家的路上長谷川滿口答應他倆的要求。

還有一個主要的問題，那就是他們根本就不知道怎樣製造磁帶，而它正是這個系統的關鍵所在。磁帶是新項目的中心，但這對盛田昭夫他們還是一個謎。由於盛田昭夫早期對鋼絲錄音機做了不少的研究，所以對於製造磁帶錄音機的機械和電子零件有相當的把握，但磁帶本身卻是另外一回事。

日本沒有人懂錄音磁帶，而且也不可能進口，所以他們必須自己製造。一開始他們的策略就不僅僅是生產錄音機，還要生產錄音帶，因為他們知道，一旦用戶買了錄音機，以後就會不斷地買錄音帶。

他們目前首要、也最困難的任務，就是找到或者自製帶基材料。他們沒有塑膠，只有玻璃紙，儘管他們知道玻璃紙並不合適，但手頭上只有它。井深大和盛田昭夫，再加上一個頗有才氣的年輕工程師木原延年，組成一個小組，把玻璃紙裁成四分之一英吋寬的窄條，塗上各種實驗材料。

但不久他們就明白，這樣是不行的，因為哪怕是最好的玻璃紙，在錄音機裡走一兩次就會拉伸變形，最終造成錄音失真。

他們請了化學家，想辦法使玻璃紙更加結實，但仍然無濟於事。他們又試了更厚的玻璃紙，還是不行。最後盛田昭夫去找他的表弟小寺高路，他在本州紙業公司工作，請他看一看是否有可能為他們造一種非常結實、非常薄、非常光滑的牛皮紙，用來做磁帶的帶基。

在當時物質匱乏的條件下，找到好的磁性材料塗到帶基上，幾乎不可能。但是井深大、盛田昭夫和木原，硬是用手工做出了第一批磁帶，他們要切出足夠的磁帶繞到磁帶盤上，於是他們把長紙條放在實驗室的地板上。剛開始用的磁性材料失敗了，這是因為他們研磨成粉的材料磁性太強了，紙帶上只需要較弱的磁性材料。

木原的研究結果表明應該採用醋酸亞鐵，這種東西在燃燒後變成三氧化二鐵。

正是它！ 但是到哪裡去找這種材料呢？

盛田昭夫拉上木原，他們到了東京的藥品批發街，找到了唯一經銷這種材料的商行。他們買了兩瓶帶回實驗室，公司沒有電爐來加熱這種化學材料，所以只好借來一個平底鍋，用木勺攪勻，再放到廚房的爐台上加熱，直至它變為咖啡色和黑色。咖啡色的粉末是三氧化二鐵，黑色的是四氧化亞鐵。

木原善於檢查粉末的顏色，並知道怎樣把它們區分。他們把磁性粉末與日本漆混合，調到一定的濃度，以便噴塗到紙帶上。結果發現噴塗不行，他們又想盡種種辦法，最後用浣熊腹部的軟鬃毛製成一種刷子，手工刷上去。

出乎意料的是，這樣做的效果最好。當然，紙做的磁帶很差。井深大說品質太差了，連打電話時常說的「喂，喂」都聽不清楚，但他們還是為此感到自豪。

當時公司裡有四十五名員工，三分之一以上的人是大學畢業生。儘管人才濟濟，但沒有塑膠做帶基，他們還是無法生產出高品質的產品；後來當他們能夠拿到塑膠材料時，馬上投入應用，因為他們的技術已經準備就緒，故很快就進入了早期磁帶市場。

井深大對磁帶領域的信念很堅定，公司也投入了大量精力。初期，磁帶對公司的前景非常關鍵。至於硬體方面，他們將磁帶錄音機完善到了當時的最高水準，可以說他們引領著世界潮流。

一九五〇年，公司生產出來的錄音機又笨又重，但是它的音質相當優良，盛田昭夫充滿自信，大家也這樣估計，經過這麼多的努力，他們終於走上了通往成功的道路。當他們的錄音機準備上市的時候，他們都認為一旦顧客看到、聽到它之後，一定會爭先恐後地到他們公司訂貨。

推廣磁帶錄音機

第一手提錄音機重三十五公斤，標價是十七萬日元，在占領期間的日本，這是很大一筆錢。幾乎沒有私人願意花那麼大一筆錢，買一個他們認為不需要的東西。當時一位在工廠工作的大學畢業生，一個月的薪水還不到一萬日元。

盛田昭夫他們做了五十台這種錄音機準備投入市場，然而市場並不存在。

井深大和盛田昭夫都沒有受過消費品知識的相關訓練，也沒有生產和銷售消費品的實際經驗。井深大以前一直為政府和廣播部門生產產品，只有後來製造的短波配接器和留聲機。

盛田昭夫也從來沒有銷售過東西。雖然他小時候從父親那裡受過不少管理訓練，後來又在海軍應用，他卻一點也不懂商務和銷售。他們兩個都強烈地認為：只要能夠造出好產品，訂單就會來。然而，現實給他們好好地上了一課。

這下子盛田昭夫才認識到：僅有獨特的技術、製造出獨特的產品，不足以使企業生存下去，必須銷售產品；而為了做到這一點，就必須讓潛在的買主看到，你要兜售的東西到底有什麼實際價值。盛田昭夫吃驚地意識到，他必須成為生意人。

非常幸運，公司裡有井深大這樣一個專心設計和生產的天才，他才能學習經商。

一個偶然的機會使事情出現轉機。盛田昭夫一直在想，磁帶錄音機的銷售失敗了，原因到底在哪裡？

一天，在東京他家的附近，盛田昭夫逛到一家古董店。他對古董沒有興趣，當他為它們昂貴的價格迷惑不解時，他注意到有一個人在買一個花瓶。那人毫不猶豫地掏出錢包，將一大把鈔票遞給那個古董商，這個價錢比他們的磁帶錄音機還高。

盛田昭夫感到奇怪，一個人寧願花這麼多錢去買一個一點實際價值都沒有的古董，而磁帶錄音機那樣的新型的娛樂設備卻無人問津。在盛田昭夫看來，磁帶錄音機的價值比一件古董高得多，因為它可以改變很多人的生活；而極少有人能夠欣賞花瓶上的精美圖案，大多數的人都不敢碰那麼值錢的東西，生怕把它碰碎。

正好相反，一台錄音機卻可以造福成百上千人，可以帶來歡樂和驚奇，還可以用於教育，提高人們的素養。對於盛田昭夫來說，這兩者簡直無法比擬，磁帶錄音機無疑是更好的選擇。

但是他又意識到，花瓶對一個古董收藏者而言，他一定有充分的理由投入大量資金，盛田昭夫祖上就有不少人這樣做。就在那時，盛田昭夫明白了，想賣出錄音機，首先要找出那些有可能承認他們產品價值的人。

盛田昭夫注意到，或者應該說是前田多門先生注意到：戰爭剛剛結束的時期，很缺乏速記員，因為戰爭中很多人被趕出校門，參加軍工生產。在這種缺失得以彌補之前，日本的法院只好依靠很少的速記員超時工作。

透過前田先生的幫助，盛田昭夫他們向日本最高法院演示了他們的錄音機，結果一下子賣出去二十台，他們一眼就看出了磁帶錄音機的價值。

盛田昭夫認為下一個目標，應該是日本的學校。在多次的銷售會議上井深大都指出，日本人的教育傳統是集中在閱讀、寫作和算盤技巧上；但戰後美國人的到來，使他們感到口語交流和視聽訓練也很重要，而這由日本文部省主導。

日本可利用的媒體材料太少，只有一些十六毫米的電影膠片有英語配音，而且少得可憐，因為在戰爭期間禁止使用英語，也不允許教英語。結果沒有幾個教師有語音設備，幫助他們理解這些電影配音，學生就更加不可能。

使用磁帶錄音機重撥事先錄好的語音磁帶，再用它來練習，這種想法很快就被接受，而且不久就傳到全國各地的學校。日本每個縣都建有一處電影中心，但所有的電影都是英語，必須想個辦法配上日語，而磁帶錄音機正好派上用場。

隨著這種教學方法在各縣的推廣，盛田昭夫認為，每個學校都會需要磁帶錄音機。井深大發現學校有這種設備的預算，所以他們還設計一種更小的機型，讓私立學校也能買得起。

第一件成功的產品是中型機，它比公事包大，但比一個皮箱小，他們把它叫做 H 型錄音機。這種錄音機很簡單，只有一種速度，即每秒鐘半英吋，而且也很結實。一九五一年，作為結婚禮物，公司把 H 型的生產樣機贈送給了盛田昭夫和良子。

公司開始生產外觀更加吸引人的攜帶機，而且頗具信心。公司開始擴大規模，他們搬進了御殿山上鄰近的一間更加堅固的房子裡。新觀念最終還是得以接受，也許還有些操之過急，但日本正在建立一個新社會，而不僅僅是恢復。

隨著技術的成熟，盛田昭夫他們很快就被捲入一場新戰爭，盛田昭夫從中學會了不少與國際商務有關的知識。為了使磁帶錄音機的錄音品質更高，他們採用了永井健三博士的專利技術——高頻交流偏壓系統。這種系統在磁帶進入錄音頭之前，先將磁帶去磁，並在錄音訊號上加上交流電，與以往用直流偏壓的錄音機相比，聲音失真都較小。

他們對錄音技術的未來非常關心，所以買下這項專利。當時這項專利屬於安立公司，現在它是日本電氣公司的一個子公司。一九四九年，盛田昭夫他們買不起全部專利，只買了一半，與日本電氣公司共享所有權利。

永井博士的專利在日本註冊，早在一九四一年十二月，他在戰爭正要爆發之前，還曾在美國申請專利，並在更早的時候就把發明資料寄給了美國國會圖書館和其他地方。

盛田昭夫等人買下專利後，寄信給全世界的磁帶錄音機製造商，告訴他們東京通訊工業公司已經擁有交流偏壓系統的專利，並可向他們出售許可證。

信中還告訴他們，如果他們想在日本出售使用這種專利技術的磁帶錄音機，他們必須得到東京通訊工業的許可。盛田昭夫他們收到一些公司的回信，聲稱並不想在日本出售磁帶錄音機，所以也不需要從他們公司買許可證。雖然盛田昭夫他們明明知道國外有些製造商正在使用這種技術，他們也沒有許可證，但他們對此也別無良策。

維權的漫長之路

一九五一年以後，使忽好忽壞的錄音技術得以發展的契機出現了：以政府公布的《電波三法》，即電波法、廣播法、電波監理委員會設置法的實施為開端，戰前戰後由國家和美軍控制的電波向民間開放了。

隨著廣播的發展，家電業也從中得到了很大的好處。很多公司在此期間感受到了冰與火的差別，Panasonic 電器、早川電機等不但庫存一掃而空，甚至一再增產都難以滿足社會需求。

在這時期，最能夠大顯身手的是東京通訊工業公司。

獲得好評的錄音機銷售一空，而且成了私營廣播公司節目的王牌貨。

相關人員這樣描繪當時的情形：

「那時若採用直接播送，慢的一年，快的半年就得垮台，能夠支撐下來的正是磁帶錄音機。由於韓戰，美國產品無法進口，便迅速轉為引進東京通訊工業公司的機器。」

在這一時期，東京通訊工業公司的磁帶錄音機，為私營公司的起步貢獻甚巨，這是無可辯駁的事實。東京通訊工業公司的技術人員以此為跳板，全力以赴研發新產品的及改良普通機，成果之一就是木原信敏研發的攜帶式錄音機。

一九五一年，日本放送協會廣播員藤倉修一，赴美採訪太平洋戰爭的媾和會議，在舊金山機場，在這個手提式小錄音機的幫助下，他錄下了蘇聯外長葛羅米柯的談話，這個舉動讓手提式小錄音機備受關注。

對磁帶錄音機的需求，在視聽教育中奠定了基礎，繼而發展到廣播領域，磁帶品質的提高成了亟待解決的問題。

一九五一年，盛田昭夫的弟弟盛田正昭，從東京工業大學電氣化學專業畢業，進入了東京通訊工業公司。盛田正昭立即被派到東北大學計測研究所所長岡村俊彥教授的研究室，學習研究磁性粉及其氧比物的技術，以期攻克難關。

至一九五一年下半年，民間廣播熱達到最高點，日本的廣播界開始使用「蘇格蘭」醋酸鹽材料的錄音磁帶，因為這種磁帶表面光滑，頻率特性優越。至一九五二年，解除美國製造的醋酸鹽材料錄音磁帶的進口限制，市場上出現了大量美製磁帶，公司因此陷入困境。

有一天，盛田昭夫帶著一名陌生的外國人回到公司。

「這個人要賣給我們塞拉尼斯公司的醋酸鹽材料，一塊兒談談吧！」盛田昭夫興奮地對井深大說道。

此人自稱是「二十世紀商會」的駐日貿易商派西·威廉，兼任塞拉尼斯公司駐日代表，他會一些日語，因而越說越投機，雙方終於談妥了購進醋酸鹽材料的事宜。

不久，期待中的醋酸鹽材料到貨，但盛田昭夫他們不久就遇到了一個比較棘手的問題，就是與美國駐日進口業的巴爾克姆公司有關專利權的爭執。

在廣播熱潮中，磁帶錄音機的需求迅速擴大。著眼於此，作為辦公用品、汽車部件和以駐日外國人為服務對象，美製磁帶錄音機的進口，得到了通產省的准許。於是透過百貨店等，日本商人經營錄音機的貿易公司應運而生，被稱為安派克斯公司代理店的巴爾克姆貿易公司就是這樣的公司。

盛田昭夫和井深大得知此事後，都大吃一驚，立即買了這種錄音機分析。結果表明：它的製作技術與東北大學永井教授發明的交流偏壓法完全一致，盛田昭夫不禁勃然大怒，東京通訊工業公司持有的專利權不容侵犯！

此事說來話長。

永井教授在日本取得專利後，曾在一九四一年年初向美國申請專利，並把發明資料送到美國國會圖書館和其他地方。時過不久，太平洋戰爭爆發，這件事便不明不白地擱置下來了。

雖然永井教授的專利在美國一直沒有獲准登記，但是這並不妨礙對他的研究有興趣的美國團體和個人利用這項研究資料。

一年半後，美國有個叫卡姆拉斯的人，也發明了與永井專利完全相同的技術，並在美國取得專利的同時，向日本以外的其他主要國家提出申請，獲得了專利權，但在日本確立的仍然是永井教授的專利權。

盛田昭夫他們買了這項專利之後，就發函給全球所有錄音機製造商，宣告東京通訊工業公司已經取得這項交流電偏壓系統專利，並且願意提供執照；同時，公司也告訴各製造商，如果他們想把應用這項專利的錄音機銷往日本，也必須預先向東京通訊工業公司取得執照。

為了維護公司的合法權益，盛田昭夫他們決定向巴爾克姆貿易公司提出警告，要求他們迅速停止進口，或者交納專利使用費用……

可是，巴爾克姆貿易公司根本無視東京通訊工業公司的再三警告，更是大張旗鼓地宣揚美國產品的優越性。迫不得已，盛田昭夫他們決定向法庭申請強制命令。

盛田昭夫已不是第一次與美國人談判，上次談判的結果就相當不錯。盛田昭夫和井深大已經顧及不了那麼多，要嘛任人宰割，要嘛衝出樊籬！ 何況，東京通訊工業公司的專利還經過盟軍總部的同意，僅這一關就使盛田昭夫理直氣壯！

為了做到仁至義盡，東京通訊工業公司最後一次向巴爾克姆貿易公司發出嚴正抗議，但是被蠻橫地拒絕了：「戰敗國不得如此狂妄！」

盛田昭夫和井深大再也忍無可忍，立即向法庭遞交了巴爾克姆貿易公司侵犯權益的起訴書。

一九五二年九月十五日的《朝日新聞》這樣報導：

「在選舉、廣播報導和教育中廣泛應用，現已成為『時代寵物』的磁帶錄音機，圍繞其專利權，日美同行業間發生了激烈的摩擦。」

就這一專利權糾紛，在通產省內部、電氣通訊機械課與專利廳通訊測定課也發生對立，事情的發展引人注目。

占國產磁帶錄音機三分之一的東京通訊工業公司，以美國的輸入者巴爾克姆貿易公司為對手，向東京地方法院申請，暫時禁止輸入美製磁帶錄音機的銷售、使用、陳列、移動等，從法院決定後的第十五天起，東京的巴爾克姆貿易公司及日本橋高島屋兩處、大阪心齋橋一帶的首都商會一處，共計三處進口的數十台磁帶錄音機都被臨時查封，使這一問題迅速表面化。

《朝日新聞》刊載的這則消息，一直被盛田昭夫珍藏，他說：「法庭聽取了我們的辯辭，頒布了強制命令。我們隨著相關官員到了海關的倉庫，毫無懼色地在門口貼上封條，禁止巴爾克姆貿易公司運走那批磁帶錄音機。報紙認為這個故事是絕佳的題材，代表著日本獨立的立場，他們怎麼也想不到，一家日本小公司，竟然大膽地向美國製造商挑戰，因此報紙把這件事當作頭條。」

當時的東京通訊工業公司，雖然以最早研發國產磁帶錄音機而引起人們注目，但它畢竟不過是間資金兩千萬日元、員工人數不足兩百名的中小企業。這樣的公司竟能擠出四百萬日元的寄存保證金，採取如此強硬的手段，使相關企業部門目瞪口呆，而共同持有專利權的日本電氣公司居然靜觀以待，希望 「鷸蚌相爭，漁翁得利」！

同行業一些人也說：「東京通訊工業公司恐怕是別有所圖吧！」

持懷疑態度的不乏其人，然而盛田昭夫和井深大確實別無所圖，他們認為這一問題是牽涉到日本全體產業界的違約行為，如果含混過去，以後就會有接二連三的違約行為發生。因此，盛田昭夫他們鐵了心，即使對手是美國，也絕不妥協讓步。

對東京通訊工業公司的強硬姿態持批判態度的，是准許巴爾克姆貿易公司輸入磁帶錄音機的通產省電氣通訊機械課。

主管課長陳述了如下見解：

「東京通訊工業公司正確行使了自己的專利權。但以此權利為遮掩，獨占交流偏壓法磁帶錄音機的生產權，甚至拒絕其他公司交納正當的專利使用費，這樣生產錄音機的態度，通產省難以認可。」

這番慷慨陳詞刊載於一九五二年九月二十五日的《朝日新聞》，但這是一個歪曲事實的意見。交流偏壓法的專利，與日本電氣公司共有，並非東京通訊工業公司一家獨占。如若有意製造磁帶錄音機，只要與日本電氣公司協商也可以。

另一主管部門專利廳通訊測定課持完全支持態度，明確表示：「東京通訊工業公司的措施正當。」

當時的背景是這樣的：由於巴亞利斯柑橘事件、日本可樂事件等，日本廠商遭到美國以侵犯圖案、商標權為名的嚴厲懲罰，專利廳對東京通訊工業公司的支持也多半出於對此的反擊。

通產省與專利廳的對立，使問題更加複雜化，這是明顯的事實，當時在日本放送協會任職的島茂雄的談話，頗能充分說明問題，事前盛田昭夫曾與井深大談過，因而某種程度上頗知內情。只是那時他們都年輕氣盛，好勝心強，認為要據理力爭。

「我是日本放送協會的工作人員，因而也不可能有所偏袒，所以，如果巴爾克姆貿易公司賣給我們錄音機，研究後如果是好的產品，當然要買進。由於這層關係，我屢屢被技術局局長叫去問：『實際情況如何？ 不會有什麼問題吧？』」

主管部門和同行眾說紛紜，巴爾克姆貿易公司也沒有沉默，他們向美國製造商報告情況，廠商表示他們早已向卡姆拉斯專利權的所有者美國艾摩研究中心取得專利權，他們還借助占領軍的力量，向東京通訊工業公司施加壓力。

有一天，盟軍總部專利局的一位官員打電話給井深大，說想見他。接到通知，井深大忽然有一種不祥的預感。因為那時，誰要是被盟軍總部召見，就得擔心是否違反了規定，甚至還有坐牢的可能。

「恐怕就要關進拘留所了……」

盛田昭夫和熟諳英語的前田多聞，陪同井深大來到設在東京丸之內岸本大廈的盟軍總部，原來盟軍總部的官員想要了解有關這項專利權的有關事宜。

專利部門的上校很有紳士風度，上校檢閱完文件，仔細聽了他們的說明，然後說：「好吧，我們一定妥善處理此事。」

要全面解決這個問題，得花相當長的時間。因為卡姆拉斯專利權所有者美國艾摩研究中心露面了。這個公司以美國為主，在二十一個國家取得了專利實施權。因而東京通訊工業公司如果不和這家公司締結技術援助合約，就不能出口磁帶錄音機。對東京通訊工業公司來說，還沒有這樣不划算的事。

盛田昭夫千方百計調查，終於取得了證據，找到了永井教授研究報告的英文版本！他用大量事實，證明了早在艾摩研究中心取得專利前，永井教授研究報告的英文版本已在美國公之於世！

井深大高興得簡直要跳了起來，因為如果以此為武器，在美國提出公訴，就會使得艾摩研究中心的專利失去法律依據，從而成為社會公有財產！

艾摩研究中心得知這一事實，也不得不承認永井專利的合法性。

這個案子纏訟三年，直至一九五四年三月，東京通訊工業公司終於勝訴。

在訴訟過程中，盛田昭夫和他的同仁學習到了不少國際商務的知識。

東京通訊工業公司不但在「岸邊」阻止美國勢力「登陸」，

而且還和擁有永井專利的日本電氣公司，共同得到在日本出售磁帶錄音機的專利使用費。另外，以不追究艾摩研究中心責任為交換，取得在美國無償使用艾摩研究中心這一專利的權利，這一權利也適用於日本國內其他廠商。

只是有附加條件：獲得專利使用權的廠商出口產品時，必須將一半使用費交給東京通訊工業公司。也就是說，這兩家公司因共同擁有永井專利，獲得了意想不到的利益。

這場馬拉松終於跑完了，東京通訊工業公司獲得冠軍，然而，這也招致了同行的對立。他們要求開放永井專利，有的廠商試圖鑽專利的漏洞，挑戰新系統的研發。先行一步的，是自詡為立體聲愛好者，科技集團赤井電機公司的赤井三郎。

赤井三郎不敢進犯永井專利，便在電路上略施小計，做出所謂「新交流偏壓法」，接著生產出這種電路的磁帶錄音機「AT-1 型」投入市場，這是一九五四年八月的事。

東京通訊工業公司立刻向赤井電機公司嚴重抗議，可是赤井反駁道：「這是我們獨自研究出來的，並未觸犯永井專利！」

於是，東京通訊工業公司又起訴赤井電機，以求透過法律手段解決。東京通訊工業公司與赤井電機公司在研發上的激烈競爭從此開始。其他那些被專利捆住手腳、想生產卻又無法的同業，聲援赤井巧妙的游擊戰，公開批評東京通訊工業公司的霸道姿態，還在政治、資金方面作亂，不時施加壓力。

盛田昭夫深深為同行的態度苦惱，何況磁帶錄音機是自己和同仁用血汗凝聚而成的產品，怎麼能夠輕易開放專利！

發現各國文化差異

盛田昭夫的心中早就醞釀著，要為東京通訊工程公司開闢國際市場，如此，井深大和他就不可避免地要出國旅行。

一九五二年，磁帶錄音機的生意很好，井深大想到美國一趟，看看那裡的磁帶錄音機還有什麼新用途，還想了解更多製造磁帶的情況。

令人失望的是，他僅在一些美國語音實驗室裡發現錄音機，而錄音機在日本學校裡比在美國使用得更加廣泛。另外一件使井深大感到失望的事，是沒有一家磁帶生產廠允許別人參觀，但這次旅行卻仍然使他們受益匪淺。

一九四八年，井深大和盛田昭夫兩人都曾經從《貝爾實驗室紀錄》，了解到貝爾實驗室的威廉·肖克利和其他人的工作情況。從那以後，他們一直非常關心威廉·肖克利的發現。

那一年，在美國的小報和其他地方，都報導了貝爾實驗室發明了一種叫做「電晶體」的元件，井深大在美國旅行時，聽說不久就可以買到這種奇妙小東西的許可證，於是他回到日本後，便立即開始籌劃。

盛田昭夫他們對這種固態元件完全陌生，要懂它、決定用它做什麼，絕不是一兩個工程師可以完成的事。

在紐約時代廣場附近的塔夫特旅館裡，房間太嘈雜，井深大晚上無法入睡，他想到公司裡現在有一百二十名職員，其中三分之一是大學畢業的工程師，有各種科系，例如電子、冶金、化學和機械，而研發公司使用電晶體，將是對他們技能的一次挑戰。他當時並不知道可以用電晶體做什麼，但他對電晶體的技術突破非常激動。

第二天，井深大想去拜訪西電公司的專利許可證經理，因為西電公司是貝爾實驗室的專利持有者。但他們告訴他，經理先生太忙，沒時間見他，井深大只好求助一位朋友，他叫山田志道，住在紐約，在一家日本貿易公司工作。井深大拜託他代為打聽，然後就獨自回國。

那個時候生產的電晶體，並不是盛田昭夫已經取得許可證，製造出來直接使用的電晶體。這個奇妙的小東西是電子技術上的突破，但它只能用在音頻頻率的場合。

事實上一年後，當盛田昭夫最後簽署專利協議時，西電公司告訴他，如果想用它來研發家用產品，那麼只能做助聽器。

那個年代還沒有可用於收音機的電晶體。當然盛田昭夫對助聽器的市場並沒有興趣，因為它極其有限。盛田昭夫想做一種人人都需要的東西，於是計劃讓公司的研究員研發高頻電晶體，用於收音機。

盛田昭夫開始考慮，用電晶體可以製造什麼樣的收音機。當時在，「高保真」，這個新名詞很快成為時尚。人們想聽純正的聲音，真實的再現，或至少是生動的再現。

有些早期的高保真發燒友已經買了各種聲音的唱片，包括火車頭的噪音、飛機起飛、馬在奔跑、警笛、老式武器開火以及其他各種音響效果，就是為了炫耀他們的新機器。揚聲器變得越來越大，聲音也越來越響，一些新詞彙，像低音喇叭、高音喇叭、失真、反饋等，紛紛進入人們的語言。

使用很多真空管組成的擴音器被認為可以產生最純正的聲音。但盛田昭夫卻在設想用電晶體取代笨重的發熱、而且不可靠的真空管。這將給他們帶來一次機會，不僅可以使電子產品的體積減小，還可以降低功耗。

如果可以設計出一種能夠在相當高頻率下工作的電晶體，那麼他們就可以製造出使用電池的超小型收音機。盛田昭夫希望能用最小的功率收到最逼真的聲音。

日本人一直對小型化和緊湊化很感興趣。

日本的盒子是套裝的，日本的扇子是折疊的，條幅可以捲起來，屏風上用藝術的手法描繪出整個城市，可以折疊，可以整齊地擺到一邊，或者用於裝飾、娛樂和教育，或者只是用來分隔房間。他們的目標是生產一種收音機，小得可以裝進襯衫口袋，不是攜帶式，而是袋裝式。

以前美國無線電公司也用「爆米花」真空管做出中型攜帶機，一半的空間都被昂貴的電池占據，電池的壽命大約只有四小時，而電晶體可能可以解決功耗和體積的問題。

由於大家都想開發電晶體的領域，所以當聽說可以買到它的技術許可證後，盛田昭夫馬上到紐約簽署最終協議。他也很想看看外面的世界，看看哪裡有公司的立足之地，所以他打算把紐約的事辦完後再到歐洲一趟。

當他在東京羽田機場登上飛機時心情很激動，手裡拎著箱子，肩上背著包。

剛開始的時候，美國的遼闊使他大失所望。什麼東西都很大，距離都很遠，開闊的空間一望無際，各個地方互不相同。盛田昭夫認為，不可能在這裡銷售自己的產品。

當盛田昭夫把西電公司的許可證寄給井深大時，他突然產生信心。當時日本的外匯控制很緊，他們必須得到通產省的批准，才能將兩萬五千美元的許可證費從日本匯出。電晶體是如此新穎，而日本的外匯又異常緊張，整個國家剛剛從戰爭中恢復，正在加速發展，所以通產省的官僚看不出這種元件有什麼用，也就不急於批覆。

另外，通產省認為像東京通訊工業這樣的小公司，不可能擔當全新技術的重任。其實剛開始的時候曾頑固反對，井深大解釋了這種鮮為人知元件將來的用途，但還是等了六個月才使官僚相信。通產省從來就不是日本電子工業的幫助者，儘管有些評論看來如此。

當通產省還在考慮盛田昭夫的申請時，他正在旅行途中。他飛往歐洲參觀了很多公司和工廠，並對公司和日本的前途開始感到輕鬆。他參觀過福斯、賓士、西門子以及其他一些小公司，其中有些小公司在後來的歲月裡消失了。

當然，在電子領域裡，盛田昭夫參觀了荷蘭的飛利浦公司，它是一間世界知名的電子公司，給了他勇氣和新啟發。

在離開德國時，他有點灰心。儘管戰爭中德國受到重創，但各方面都在迅速恢復，相比之下，日本的戰後恢復太緩慢了。

一天，在杜塞道夫市，科尼西大街的一家餐廳裡，盛田昭夫點了一份冰淇淋，服務生端上來時在上面插了一把小紙傘，笑著說：「這是從你們國家來的。」

服務生的話裡透著對盛田昭夫的恭維。但盛田昭夫想，他對日本和日本能力的理解不過如此，而且像他這樣的人還很多，自己前面的道路還很漫長。

盛田昭夫搭火車從杜塞道夫來到埃因霍溫，當穿越邊境從德國進入荷蘭，他發現又是另一番風景。

德國儘管剛剛經歷了一場戰爭，但變得高度機械化，福斯汽車公司每天可以生產出七百輛小轎車，每個人都在快速重建和生產。

但很多荷蘭人還在騎腳踏車，這是一個純粹的農業國，而且還是一個很小的農業國。到處都可以看到古老的風車，就像古早的荷蘭風景畫，什麼東西看上去都是那麼古雅。

當盛田昭夫最後到埃因霍溫時，他驚奇地看到飛利浦是一個何等巨大的公司，儘管他已經知道，飛利浦的電氣產品在東南亞和全世界都很成功。盛田昭夫不記得他原來希望看到什麼，但是他想像中偉大的 N.V. 飛利浦先生的企業，實際是建立在一個小農業國邊遠一角的小鎮上，太令人感到驚奇了。

當地人為了表達對飛利浦博士的敬仰，不僅在火車站前樹立了他的塑像，還將車站大樓做成台式收音機的形狀。在火車站前，盛田昭夫凝視著飛利浦博士的塑像，讓他想起了故鄉的小鈴谷町和曾經樹立在那裡的高祖父的銅像。

盛田昭夫在城裡漫步，他一直在想，一個人出生在這樣一個農業國的邊遠小鎮上，竟然能夠建立起這樣一間巨大、高科技、世界知名的公司！ 也許自己在日本也能做到。

這真是一個夢想，他在荷蘭寫給井深大的信中是這樣說的：

「如果飛利浦能夠做到，也許我們也可以。」

那時候盛田昭夫不太會說英語，他是作為旅遊者參觀工廠，絕不是大人物式的訪問，連公司負責人都沒有見到。

但從那以後的四十年，SONY 和飛利浦，這兩個從偏遠地方發展起來的公司多次合作，聯合研發了多項領先技術，包括標準盒式錄音帶，具有劃時代意義的家庭音響和數位雷射唱片。而在雷射唱片中，SONY 的脈衝編碼調變研究能力，與飛利浦公司的精密雷射技術熔於一爐。

SONY 名稱的誕生

一九五三年，盛田昭夫第一次出國時就想過，公司的全稱「東京通訊工程株式會社」不適合印在產品上，因為它太繞口了。

即使在日本，自己公司也簡稱為「東通工」；但是在美國，盛田昭夫發現沒有一個人可以念出這兩個名稱。盛田昭夫認為「東京通訊工程株式會社」用英文翻譯出來很笨拙。

有一段時間，他們試著用「TokyoTeletech」，但是當聽說美國有一家公司叫 Teletech 時，他們便打消了這個念頭。

看來，如果不想個聰明的辦法，他們公司的名字就無法發揚。盛田昭夫也想過，不管取個什麼樣的新名字，都必須一箭雙鵰，既要是公司名，又要是商標名，這樣就不需要付出雙倍的錢打廣告。

盛田昭夫也試過一段時間的公司標誌：在一個細線圓中放一個倒置的金字塔，金字塔的兩側各插入一個楔型，構成一個獨特的 「T」。他們的第一批電晶體和電晶體收音機都需要一個特殊的商標，便於人們記憶。盛田昭夫等人決定先在電晶體收音機上使用新商標，而這個商標將來還要用於其他產品。

盛田昭夫在美國時為這件事考慮再三，他注意到很多公司都使用三個字母的縮寫標誌： ABC、NBC、RCA 和 AT&T 等。有些公司也使用全名作標誌，而他覺得這種做法頗具新意。

在他還是孩子的時候，他就學會辨認進口車的品牌：三尖星是賓士，藍色橢圓是福特，凱迪拉克的皇冠，皮爾斯的箭頭。後來很多公司開始把名稱與標誌合用，像雪佛萊、福特、別克，還有其他一些汽車，即使不會讀也知道名稱，盛田昭夫考慮了各種可能。

井深大和盛田昭夫花了很長的時間來決定公司的新名稱，一致同意不用標誌，因為名字本身就是標誌，所以不能太長，最多四五個字母。

日本所有的公司都有自己的徽章和胸針，一般取決於公司標誌的形狀，外人無法識別，只有幾家非常著名的公司除外，例如三菱公司的三個菱形。就像汽車公司一樣，他們越來越少依賴公司標誌，而越來越常使用公司名稱。

只要一有時間，他們就會展開討論，並把每一種可能性都記下來。盛田昭夫要取一個新名字，無論在世界上的什麼地方都可以被人識別，都可以用當地語言讀出來。

他們試了一個又一個。井深大和盛田昭夫翻閱了不少字典，想找一個漂亮的名字。他們偶然找到一個拉丁文單字「sinus」，意思是聲音。盛田昭夫的事業與聲音息息相關，所以他們開始把注意力集中在「sinus」上。當時在日本，外來的英語俚語和綽號很流行，有些人把開朗、聰明的男孩叫做「sonny」或是「sonny-boys」。顯然「sunny」和「sonny」這兩個單字，都有樂觀、明亮的發音，與他們正在研究的單字相似，而他們也認為自己是「sonny-boys」。

不幸的是，在日本，「sonny」這個單字會為他們惹出麻煩，因為根據日語對英文字母的拼讀規則，「sonny」應讀成「sohn-nee」，意思是輸錢，顯然不能用來發表新產品。

這個問題讓盛田昭夫他們傷透腦筋，有一天盛田昭夫靈機一動，為什麼不能去掉一個「n」變成「Sony」呢？

這個新名字有一個好處，在任何語言中它都沒有意思，只代表「Sony」這個發音，容易記憶，又包含了盛田昭夫需要的內涵。更進一步，就像盛田昭夫提醒井深大的那樣，因為它是用英文字母書寫，許多國家都會感到親切。

各國政府都在花錢倡導學英語，包括日本。學英語的人越多，認識他們公司名稱和商標的人就會越多，而他們不需要花一毛錢。

於是，他們開始在產品上使用「SONY」這個商標，但還是將公司名稱保留一段時間。第一個產品上的商標用了一個方框，中間有四個細線斜體大寫字母。

不久盛田昭夫就意識到，要使新名字被人識別的最好辦法，就是名字要盡可能簡單易讀，於是盛田昭夫將新名字改寫成傳統、簡單的大寫字母，並沿用至今，名稱本身就是標誌。

一九五五年，SONY 生產出第一台電晶體收音機，一九五七年生產出第一台袋裝式收音機。它是世界上最小的收音機，但它實際上比標準男式襯衫口袋大一點，儘管大家說它是袋裝式，卻並沒有具體指是什麼口袋。

大家都很喜歡這一個點子，就是讓一個店員表演怎樣輕輕鬆鬆地將它裝進襯衫口袋。最後終於找出了一個簡單的解決辦法：把店員的襯衫口袋做得比正常尺寸稍大一點，剛好可以讓收音機滑進去。

這個值得驕傲的成就有一點令人遺憾：SONY 的產品並不是市場上的第一台電晶體收音機。

美國有一家由德克薩斯儀器公司支持的雷根西公司，在 SONY 之前，推出了一種採用 TI 電晶體的收音機；但他們很快就放棄了，並沒有拓展市場銷售。

雷根西已經在這個行業中占有領先地位，本應可以開闢巨大的市場，就像 SONY 後來那樣，然而他們錯誤判斷這個行業沒有前途，於是放棄。

新推出的小收音機，用上了新商標 SONY，盛田昭夫對發展電晶體化的電子產品有龐大的計劃，並且希望袋裝式小型收音機是未來成功的預兆。

一九五七年六月，SONY 公司在東京羽田機場入口處的對面，樹起了第一塊寫有「SONY」的廣告牌；同年年底，又在東京中心的銀座地區也樹了一塊。

一九五八年一月，東京通訊工業公司正式改名為 SONY 公司，並於同年十二月列入東京證券交易所的名單。

SONY 公司在一百七十個國家註冊了「SONY」這個名字，包括很多行業，不光是電子工業，以免別人在同類產品上利用；但他們很快就得知，正在日本國內有人侵害了這個名字。

一天，盛田昭夫他們打聽到，有人正在銷售「SONY」牌巧克力。

盛田昭夫為公司的新名稱感到非常自豪，而為有人想利用它感到很氣憤。那家利用 SONY 名稱的公司，以前用的是完全不同的牌子；而當 SONY 公司名聲鵲起時，他們卻改頭換面。

他們為一系列的巧克力和零食註冊了「SONY」這個牌子，甚至把公司改為「SONY 食品公司」，連使用的字母都一模一樣。

那時候，SONY 公司經常使用一名叫「SonnyBoy」的小小卡通人物打廣告，這個卡通人物的名字叫「阿誠」，是由日本《朝日新聞》報的漫畫家所創造；而假 SONY 的巧克力商人，也開始使用相似的卡通人物。看到這種東西在大百貨商店裡出售，盛田昭夫感到噁心和生氣。

SONY 公司把冒名頂替的騙子帶上法庭，並請了許多知名人士，例如演藝明星、報界記者和評論家，證實他們給 SONY 公司造成了多大的危害。

有一個證人說，他看到 SONY 牌的巧克力後，以為 SONY 公司現在遇到財政上的困難，因而要靠賣巧克力來維持生活，而不再研發電子科技；還有一位證人說，她對 SONY 公司有印象，它是一間真正的技術型的公司，所以它的巧克力肯定是一種合成物。

盛田昭夫擔心如果讓這種巧克力繼續充斥市場，它將會把人們對 SONY 公司的信任完全毀掉。

盛田昭夫一直認為，商標就是企業的生命，必須全力保護。商標和公司的名稱並不是耍小聰明，它們代表著責任和對產品品質的保證。如果誰想隨便利用別人建立起來的信譽和能力，這跟偷盜並沒有什麼兩樣。

儘管有人盜用 SONY 的名稱，盛田昭夫卻並不為此沾沾自喜。

在日本打官司是要花很長的時間，這件案子拖了四年，但 SONY 公司總算是贏了。在日本的歷史上，法院第一次使用了不正當競爭法而不是專利或商標註冊法，為 SONY 公司伸張正義。

巧克力製造商註冊了名稱，但卻是在 SONY 深入人心之後。為了證明這個名稱可以公開使用，他們的律師曾經到全國各大圖書館去查找，想找出這個名稱屬於公用範疇的證據，結果他們一無所獲，空手而歸，無論哪本字典裡也找不到 SONY 這個單字。盛田昭夫早就料定他們會發現這一點，因為他們很久以前就已經這樣做過。

打造 SONY 品牌

雖然 SONY 公司還很小，但盛田昭夫認為日本是一個很大、有潛在活力的市場。日本工業家有一個共識，那就是日本的公司必須出口，才能生存下去。

日本沒有其他自然資源，別無出路，所以自然地盯著國外市場；另外，隨著生意日益興旺，如果不把目光轉向國際，就不可能拓展規模。

他們要改變日本製品品質低劣的形象，推斷如果要想出售品質好的高級產品，就必須有一個寬裕的市場，也就是要找一個富有、高品味的國家。

作為一家新公司，他們必須在日本的市場上爭得一席之地。老公司正在恢復生產，打出人們早已熟悉的牌子，而他們必須創造自己的名牌。他們為此而推出新產品，甚至還為它們編造了一些新名詞。

但是後來發現，這種創新也有不好的一面，當第一台磁帶錄音機被投入市場的時候，它在日本還不為人知。當然，SONY公司不能將磁帶錄音機，即「taperecorder」一詞註冊為己有，他們只好提出 「Tapecorder」，即家居音響。因為市場上只有他們的產品，Tapecorder 這個名字幾乎一夜之間變得家喻戶曉。

後來，當他們的競爭對手也開始製造磁帶錄音機時，人們把所有廠商產的磁帶錄音機都叫做 「Tapecorder」，這種現象是否值得慶賀，實在令人懷疑。

從那以後，他們特意強調在產品上顯著地標明公司名稱，儘管他們仍然為一些產品創造新名字，像隨身聽。如此，商標名稱、公司名稱和產品名稱就都很清楚了。

SONY 公司的進展很順利，但要想在日本建立起名聲，還要激烈競爭。

但在國外，大家卻站在同樣的起跑線上，也許 SONY 比別人好一點。日本的消費品在戰前，實際上無人知曉，任何印有「Made in Ja-pan」的商品，在戰前運到國外去時，都給人留下了品質極差的印象。

在歐美，很多人對日本的了解僅僅限於紙傘、和服、玩具和其他便宜貨。在選擇公司名稱時，盛田昭夫並沒有故意隱藏自己的身分，而且按照國際規則，還必須說明產品的原產國，但他也確實不想強調，怕在能夠展示產品品質之前，就被人拒之門外。

剛開始的時候，他們總是把「Made in Japan」這一行字印得盡可能小，有一次因為太小了，美國海關逼迫他們重新放大。

盛田昭夫從早期試著推銷磁帶錄音機的經驗，意識到市場實際上就是一種交流。在日本的消費品分銷傳統系統中，製造商與消費者之間相互隔開，絕不可能交流。產品要經過第一、第二甚至第三個批發商，才能到達零售商手裡，製造者與最終用戶之間隔著一層又一層的中間人。

這種分銷系統有一定的社會價值，可以提供大量的就業機會，但成本太高，效率也低。每過一道程序，價錢就要上漲一次，有些中間人甚至根本就沒看到貨。也許這種系統適合日用品和低技術的東西，但 SONY 公司一開始就意識到，這種體制不能滿足公司的高科技產品。

第三或第四批發商，簡直不可能再對產品和想法有興趣和熱情。SONY 公司必須教用戶如何使用產品，若要是這樣做，他們就必須建立自己的通路，以自己的方式把產品推向市場。

SONY 公司推出了很多產品，這些產品市場上前所未有，也沒人製造過，例如電晶體收音機和固態個人電視，他們開始享有領導新潮流的聲譽。

有些人把 SONY 公司比作電子工業的實驗白鼠，如果他們生產出一種新產品，同行巨頭就會等著看他們的產品是否會成功。如果成功，他們就會向市場上推出大量相同產品，占盡SONY 公司努力的結果。

很多年都是如此，SONY 公司總是首先出場。他們的大部分主要產品，從小型固態收音機、電晶體電視、隨身聽立體聲播放器、隨身看手持式平面電視，到隨身聽 CD 等，都遭到跟風。

SONY 公司將立體聲引入日本，製造出世界上第一台家用錄影機，發明了「特麗霓虹」系統，改良了電腦的3.5英吋磁片。SONY 的手持型攝影機和小型放映機，為全世界的電視新聞採集和播放帶來一場革命。

SONY 首創了「魔影佳」無膠片照相機和光碟系統，還發明了八毫米錄影帶，而這些只不過 SONY 公司的一小部分。

早期，SONY 經常在一年或者更長的時間內獨占市場，然後其他競爭者才會相信新產品的成功。他們賺了大筆的錢，整個市場都是他們的；但是當他們獲得越來越多的成功，業績越來越明顯時，其他人投入的等待時間就越變越短。

為此，SONY 公司只能在新產品上領先三個月，此後其他人就會進入市場，推出同類產品。如攜帶式 CD 播放器上，SONY 公司幸運地得到了一整年時間，而在隨身聽磁帶播放器上僅只六個月。說起來這應該很讓盛田昭夫值得驕傲，但是代價太大了。他們必須為改良產品保留一筆費用。多年以來，SONY 公司一直把銷售額百分之六以上的資金用於研發，有些年甚至用到百分之十。

SONY 是以新產品引領大眾，而不是去問他們需要什麼東西，公眾並不知道能夠買到什麼東西。所以 SONY 公司並不是去做大量的市場調查，而是改良產品和產品用途，再透過交流來引導公眾，從而創造市場。

比如，關於眾所周知的隨身聽，這個想法是這樣形成的：

有一天，井深大到盛田昭夫的辦公室，帶來一台公司製造的攜帶式立體聲磁帶錄音機，和一副標準尺寸的耳機。他看上去不高興，對這種系統的重量頗為不滿。

盛田昭夫問他心裡怎麼想，他解釋道：「我想聽音樂，但又不想打擾別人。我不能整天坐在立體聲錄音機旁邊。我是這樣來解決的，我把音樂隨身帶著，但這個機器又太重了。」

盛田昭夫考慮了很久，現在正像井深大說的那樣，它成為一個焦點。年輕人沒有音樂簡直活不下去，幾乎每個人在家或者在車裡都有立體聲錄音機。

井深大的抱怨，促使盛田昭夫立刻採取行動。他命令公司的工程師拿來一台可靠的小型盒式磁帶錄音機，這是他們的產品，叫「軟體工程」，盛田昭夫讓他們把錄音部分的電路和喇叭去掉，換上立體聲擴音器。他又交代了一下他所想要的其他細節，包括非常輕的頭戴式耳機，結果這個要求後來成了隨身聽研發中最困難的部分之一。

每個人都使盛田昭夫感到為難，似乎沒人喜歡他的想法。在一次產品規劃會上，一位工程師說：「聽起來是個好主意，但如果沒有錄音功能，還會有人買嗎？ 我覺得不會。」

盛田昭夫回答說：「既然成千上萬的人都買了車用立體聲播放器，它也沒有錄音功能，我想這些人也會買這種機器。」

沒人公開笑他，但他也沒說服別人，他們只好無可奈何地做下去。甚至在製造出第一台樣機之前，盛田昭夫還獨斷專行地規定銷售價應該適合年輕人，使他們好像買本書一樣。

不久，第一台實驗產品就交到了盛田昭夫手中，還配有一副新的輕型耳機。盛田昭夫為它小巧的尺寸和耳機的高品質聲音感到高興。

在傳統的大喇叭立體聲錄音機中，聲音的大部分能量都浪費了，因為只有一小部分聲音可以到達使用者耳朵裡，其餘的聲音只是引起牆壁和窗戶振動。他們的小機器只需要一點點電池的能量用於擴音器，就可以驅動輕型耳機。輕型耳機的保真度與盛田昭夫預期的一樣好，甚至更好。

盛田昭夫興沖沖地拿著第一台隨身聽趕回家，試著聽各種音樂。但盛田昭夫的妻子不高興，她感覺受到冷落。於是盛田昭夫決定，每個隨身聽帶兩副耳機。又過了一週，生產部門又做出一種機型，有兩個耳機插孔。

過了幾天以後，盛田昭夫邀請他的高爾夫球友、小說家正治薰打高爾夫球。坐車開往俱樂部去時，盛田昭夫遞給他一副耳機，請他聽一盒錄音帶，盛田昭夫自己則帶上另一副耳機，觀察他的表情。

他很驚奇又很高興地聽到他的妻子、音樂會鋼琴家中村弘子正在演奏格里希的鋼琴奏鳴曲。他開心地笑了，想說什麼，但因為他們都戴著耳機，所以他不好說話。

盛田昭夫馬上意識到這是個潛在的問題，他的解決辦法是，在機器上加一個按鈕控制麥克風，兩個人就可以透過「熱線」在音樂上互相對話了。

盛田昭夫認為，SONY 公司已經生產出很好的東西，他對此充滿熱情，但市場銷售人員卻並不滿意，他們說這種東西會賣不出去。對這樣一種大部分人都覺得沒用的東西，盛田昭夫卻激動萬分，真讓他感到十分尷尬。但他對這個產品的生命力非常自信，所以表態說他個人願意負全部責任。

他完全沒有理由為此後悔，這種想法就這樣堅持下來了，而隨身聽剛一問世就大獲全勝。其實盛田昭夫從來就沒有真正喜歡過隨身聽這個名字，但它卻似乎很流行。

SONY 美國公司和 SONY 英國公司都很擔心，印上隨身聽這樣不符合語法的名字 "Walkman"，產品會賣不出去，但他們還是堅持不改。後來雖然 SONY 公司在海外市場上又試過其他名字，在英國試過 StowAway，即收藏，在美國試過

SoundAbout，即耳機，但這些名稱沒有叫響，而 Walkman 卻名聲大振。

最後盛田昭夫打電話給 SONY 美國公司和 SONY 英國公司，告訴他們：「這是命令，就用 Walkman ！」

不久，SONY 公司就很難跟上訂貨的要求，不得不設計出新的自動機械，對付潮水般湧來的訂貨。當然，他們鋪天蓋地的廣告也促進了銷售，在日本，SONY 公司僱用了年輕夫妻星期天到東京銀座的「步行者天堂」散步，一邊走一邊聽隨身聽，大出風頭。

雖然一開始，盛田昭夫曾考慮到一個人單獨聽音樂顯得不大禮貌，但使用者認為他們的小機器完全是個人的東西。盛田昭夫還在希望人們可以共享隨身聽時，就已經發現每個人都只願意自得其樂，所以乾脆拿掉了「熱線」，後來在大部分機型上又取消了一個耳機插孔。

盛田昭夫一直認為隨身聽會成為流行的產品，但甚至連他都沒有做好準備。在銷售台數達到五百萬時，他對曾一度持懷疑態度的小組說，他預計這只是個開頭。從第一台隨身聽上市以來，他們已經賣出了兩千多萬台，共有七十種不同的型號，甚至還研發出防水和防沙型。

非常有意思的是，隨身聽是拿掉一些錄放影機中的功能，現在，他們又把原來拿掉的功能移回來，或再加上一些附加裝置，例如小型揚聲器，甚至還加了新東西，例如燒錄光碟上。

SONY 公司開始建立自己的銷售和分銷網路，使他們的資訊可以直接傳達用戶。在仍使用原有分銷系統的同時，SONY 公司也建立了自己的通路，只要有可能，盛田昭夫總是直接與經銷商打交道。

這樣一來，盛田昭夫可以認識經銷商本人，使他們懂得 SONY 產品的價值和用途。SONY 的經銷商也就變成了傳播者，並且還鼓勵零售商也這樣做。

開闢海外市場

一九五五年，SONY 公司生產的第一台電晶體收音機很小，也很實用，他們為此感到非常驕傲。盛田昭夫把美國看作一個理所當然的市場，那裡經濟發達，就業率高，美國人很開明，喜歡新東西，而且國際旅行也越來越方便。

盛田昭夫帶著價值僅二十九美元一台的收音機到紐約，看是否能夠找到零售商。

但遺憾的是，那裡的大多數人都沒有興趣，他們說：「你為什麼要做這麼小的收音機？ 美國人都想要大收音機。我們的房子很大，房間多得很。誰會要這麼小的收音機？」

盛田昭夫把他在美國看到的情況向公司人員解釋，他說：「僅在紐約市就有二十多個廣播電台，那裡的房子很大，大得甚至每個家庭成員都可以在自己房間裡使用小收音機，而不至於打擾別人。當然這種小收音機的保真度不及大收音機，但是就其體積而言也算是相當不錯。」

很多人對盛田昭夫的爭辯都覺得有道理，向他提出了頗具吸引力的交易，但盛田昭夫很謹慎，不止一次地拒絕了看起來可以賺大錢的機會。經銷商認為他是在發瘋，然而儘管 SONY 公司當時還很小，盛田昭夫個人也沒有經驗，但時間最終證實了盛田昭夫的決斷是正確的。

布諾瓦公司的人很喜歡這種收音機，他們的採購經理漫不經心地說道：「我們真想進點貨。就買十萬台吧！」

十萬台！ 盛田昭夫大吃一驚。這個訂貨數量簡直令人不敢相信，價值是 SONY 公司全部資產的好幾倍。他們開始商談細節，對方提出了一個條件，那就是要把布諾瓦的名字印在收音機上。盛田昭夫的腦子轉得飛快，他認為絕對不能答應這個條件。

盛田昭夫曾發過誓，SONY 公司絕不當其他公司的原設備製造商，SONY 公司要靠自己產品的實力為公司創造名牌。

盛田昭夫回覆他說自己還要與公司再商量一下。接著他把這筆生意的大致情況發回東京，公司的答覆是讓他接受訂貨。

盛田昭夫不喜歡這個主意，也不喜歡這個答覆。經過反覆思考，他決定拒絕，SONY 公司不能用他人的名字生產收音機。

當盛田昭夫回到布諾瓦公司再去見那個人時，剛開始他好像並沒有認真地對待盛田昭夫，認為盛田昭夫怎麼可能拒絕這樣的訂貨？ 他認定自己吃定了盛田昭夫。

當看到盛田昭夫並不為之所動時，他乾脆長話短說：「我們公司的牌子是花了五十年才建立起來的名牌，沒有人聽說過你們的名字，為什麼不能用我們的呢？」

盛田昭夫懂得他在說什麼，但是他有自己的觀點。於是回答說：「五十年前你們的牌子也和我們今天一樣，不為人知。我把新產品帶到這裡來，現在我要為我們的公司將來的五十年邁開第一步。再過五十年，我可以向你許諾，我們的公司將會與你們今天一樣有名。」

盛田昭夫從來就沒有後悔拒絕，因為這個決定給了他更多信心和自豪，儘管當他回到東京向井深大和其他負責人談起此事時，有些人認為他做了一件傻事。

但盛田昭夫從那以後卻經常說：「這是我所有決定中最好的一個。」

當盛田昭夫在美國遊蕩的時候，他又遇到了另外一位經銷商，他看過收音機後表示很喜歡，說他有一百五十多家連鎖店，想大量買進。

盛田昭夫很高興，幸運的是，他並沒有要求盛田昭夫把連鎖店的名字印在產品上。他只要求盛田昭夫報價五千台、一萬台、三萬台、五萬台和十萬台收音機的訂貨。

多麼好的一筆生意！ 回到旅館房間後，盛田昭夫開始思考這筆大宗訂貨，對他們在東京的小工廠會產生什麼樣的衝擊。

自從公司搬出御殿山上那所沒刷過油漆又漏水的房子以後，工廠已經擴大許多，搬到了鄰近的一個比原來更大、更結實的廠房裡，而且還打算添置更多的設備。

但是，他們還沒有能力在目前的小生產線上，一年生產十萬台收音機，同時還要生產其他的東西。他們的能力少於月產一萬台收音機。如果承接十萬台電晶體收音機的訂貨，他們就必須應徵和培訓新員工，並擴充設施，意味著大筆投資和大規模擴張，也意味著一場大賭博。

盛田昭夫沒有經驗，還是一個年輕的新手，但是他有智慧。他考慮了他能夠想到的所有後果，然後坐下來畫了一條曲線，有點像傾斜的字母 U。

五千台的價格是正常價格，在這條曲線的起始部分。一萬台的價格要打折扣，所以在曲線的底部。至三萬台時價格回升。五萬台的單價比五千台的高，十萬台的單價比五千台的要高出很多。

盛田昭夫知道這聽起來有些奇怪，但他有他的道理。如果僅僅為了完成一次十萬台的訂貨，而將生產能力擴大一倍，第二年又無法再得到同樣的訂貨，那他們就會遇到大麻煩了，可能會破產。因為情況如果真是那樣，他們怎麼能夠負擔得起新雇職員和新增的閒置設備的開銷？ 這種想法很保守謹慎。

盛田昭夫有信心，如果他們承接下大宗訂單，那麼在有訂貨的情況下，賺來的大量利潤可以付得起新設備的費用。然而擴張並非如此簡單，要有新的投資很困難，而盛田昭夫並不認為這種依靠訂貨的擴張是好主意。

在日本，他們不能在訂貨情況好的時候就僱人，不好的時候就裁人，他們對員工承擔長期的義務，員工也對公司承擔義務。

當然，盛田昭夫還有一點擔心，如果他對十萬台的開價太低，經銷商可能會說，他願意要十萬台，但是先以十萬台的單價買一萬台試一下，以後他可能就不再買了。

第二天，盛田昭夫拿著報價又來了。那個經銷商看了之後眨了眨眼睛，好像不相信自己的眼睛。他放下報價，耐心地說道：「盛田先生，我做銷售代理已經快三十年了，你是到過這裡的人中的第一個，跟我說買得越多價格越高。這簡直不符合邏輯！」

盛田昭夫向他解釋了他的道理，對方仔細地聽他講。當他不再感到吃驚後，他猶豫了一下，然後笑了笑，以一萬台的單價訂了一萬台收音機，這對雙方都比較合適。

盛田昭夫是幸運的，他對經商沒有經驗，也沒有老闆在身後督促，所以當他決定開出那份報價時，公司裡沒人可以否定。

一九五〇年代中期，盛田昭夫並不是唯一在紐約經商的日本人。但他們中的大部分人，或者說很多人，都是仰仗懂得外國市場，在海外建立了辦事處的日本大貿易公司。盛田昭夫並不認為這種做法有多好，因為這些貿易公司都不懂得他們的產品，也不了解盛田昭夫的經商哲學。

盛田昭夫覺得具有諷刺意味的，是美國商人常常抱怨日本的分銷系統太複雜，因為當他第一次計劃向美國出口時，他對美國的市場之複雜感到驚訝而灰心喪氣，而每當他對美國商人談到這一點時，對方總是出乎意料。

那時候為了把日本的商品出口到美國，公認的做法是把貨交給一家在美國設有辦事處、有經驗的日本貿易公司，由它把貨再運到美國港口，代理辦完海關手續後，把貨交給分銷公司，再轉給批發商，最後到達零售商手裡。

盛田昭夫可以理解美國和其他的外國商人在面對日本的分銷系統和日語時受到的挫折，因為這就像他自己曾經面臨美國系統和英語時的遭遇一樣。但很多人已經成功地找到了擺脫現存系統的出路，這也是他當初在美國的必經之路。

SONY 公司需要一條分銷的途徑，透過這條途徑，可以將新技術更方便地傳遞給消費者，而他們花了很長的時間來尋找這條途徑。

在美國站穩腳跟

盛田昭夫作為公司的副總經理，每天要處理的文件堆積如山，如今又承擔了美國的銷售工作，實在是力不從心。在好朋友格羅斯的建議下，盛田昭夫決定委託達爾莫尼克公司作為 SONY 公司的代理。

不久發生了一件意外事件：四千台 SONY 收音機被盜。盛田昭夫立刻報案，焦急等待警方的回覆。

在美國，盜竊案件屢見不鮮，但這件事卻被報紙大肆渲染。

儘管路上行人很多，但在傍晚六點左右，卻有四五個男工從二樓破窗而入，將卡車停在路旁，堂而皇之地將東西偷走了。

最奇怪的是，倉庫並非只有存放 SONY 公司的產品，還有這家貿易公司經手的所有製造商的各種產品，可是那幫小偷卻獨獨看上了 SONY。

SONY 是日本一家普通公司，發展速度卻相當驚人，已進軍美國市場，他們的產品非常受歡迎，有獨特的魅力。

看到報紙後，盛田昭夫轉憂為喜，他沒想到自己一分錢不花，卻有幾個小偷幫他打了一回廣告，宣傳效果出人意料。由於這起偶然事件，SONY 公司一夜聞名美國，被盜損失總額高達十萬美元。但 SONY 公司分文未花，就達到了極其有效的宣傳效果，不僅如此，還意外得到了相當於被盜數量四千台收音機的追加訂單。

這段插曲，說明了 SONY 公司的收音機在美國受歡迎的程度。

收音機被盜事件使 SONY 公司在美國站穩腳根。

可是這時，SONY 與達爾莫尼克公司之間卻出現了問題：原來，SONY 的名聲越來越響亮，銷售數量直線上升，而達爾莫尼克公司這家代理店，不考慮如何保證商品品質，卻總是降低商品價格。有一次，甚至未經盛田昭夫的同意，達爾莫尼克公司便自作主張地將收音機的皮套降價出售，盛田昭夫為此非常氣憤。

聖田昭夫找到經理，生氣地說：「為什麼總是不經我同意，就擅自降價？」

「我這樣做也是為你們好，大家都可以多賺些錢。」

「我們更強調品質，注重長遠的利益。」

「你們應該生產那種價格比較低廉的收音機，薄利多銷，一定可以大發一筆。」

盛田昭夫更加認真地說：「我們不想為了賺錢，而降低產品品質。」

經理開始默不作聲。

「SONY 的商標不是廉價商品的代名詞，請您以後不要再自作主張了。」

「好吧！」經理悻悻然地答應了。

沒多久，SONY 公司向全世界宣布電晶體電視研發成功的消息。達爾莫尼克公司見有利可圖，居然沒知會盛田昭夫，就以代理店的名義開始廣告宣傳。

這可把盛田昭夫給氣壞了，盛田昭夫馬上找到律師羅西尼，說：「我要和達爾莫尼克公司解除關係。我早就對他不滿意了，如果再合作下去，會有更多麻煩。」

「你不想讓對方經銷電視？」

「是，我擔心這種劃時代的電視一旦交給他們，被他們降價或者打折出售，那會毀了 SONY 的聲譽。」盛田昭夫懊悔地回答。

「你打算怎麼處理？」

「我要和他們解除關係，請你幫忙。」

「這會很麻煩。」

「我已下定決心，請你盡快辦成此事。」

律師羅西尼答應了盛田昭夫的請求，開始和達爾莫尼克公司商談解除關係。

可是達爾莫尼克公司拒絕接受任何解釋，他們提出：「如果 SONY 公司要解除合約，就必須賠付一百萬美元的違約金。」

盛田昭夫對這個數字大吃一驚。

羅西尼對此無奈地解釋道：「現在看來，付錢是唯一解決問題的方法。」

「簡直是漫天要價，一百萬美元對於 SONY 來說可不是個小數字。」

「不必著急，只要他們肯說出條件，就還有機會。」

「不管花多少錢，都要和這家公司解除關係。」盛田昭夫再一次強調。

經過討價還價後，違約金的數目一點一點往下降，一直降至十萬美元。

「差不多可以答應了吧？」盛田昭夫高興地說。

可律師卻不願意，他對盛田昭夫說：「再給我一天時間，我一定能讓他們再降。」

第二天，律師果然帶來了好消息。

「違約金最後降到了七萬五千美元。」

盛田昭夫不敢相信自己的耳朵，這個結果太出乎他的意料了。他由衷地感嘆，並問羅西尼律師：

「你做得太好了，我該付給你多少酬金呢？」

「兩萬五千美元。您不是說過十萬美元已是最低限度了嗎？

我的報酬可是從對方嘴裡摳出來的。」

自打羅西尼大顯身手，成功地幫 SONY 公司減少損失後，盛田昭夫更器重他了。違約金雖然是一大筆錢，但是在盛田昭夫眼裡原則更加重要，令人滿意的是，盛田昭夫的美國老師也有同樣的感覺，他們必須不惜代價來結束這種交易關係。

最後，作為結算的一部分，SONY 公司買下了達爾莫尼克公司大約三萬台收音機的存貨。

結識網羅人才

一九六〇年二月，在紐約市的嚴寒裡，幾個未來 SONY 美國公司的成員面對好幾卡車的收音機，每部收音機都用漂亮的紙盒包裝起來，這更增加了它的體積。

愛文· 沙格爾提供了放收音機的倉庫，當卡車冒著二月份清晨冰凍的嚴寒開到那裡時，他們什麼工具也沒有，只好穿上工作服，把貨物扛進倉庫。五個人從第一天的上午，一直工作至第二天早晨四點。等到三萬台收音機整齊地放在防滑墊木上之後，他們才拖著疲憊的腳步走進辦公室，喝一些即溶咖啡。

倉庫保管員查利· 伐爾為大家輪流倒咖啡後，就回家休息去了。其中一人想再去檢查一下箱子的情況，從辦公室到倉庫去，重新清點後又回到辦公室，但在開門時不小心弄響了警報裝置。

保全衝進來當場抓獲他們，一群日本人和一名美國人，正在喝咖啡，滿身汙跡，一臉倦容。當然，這很難是他們想像中的搶劫情景，但仍然很可疑。

愛文· 沙格爾是公司負責人之一，又是在場唯一的美國人，所以他努力向保全人員解釋，盛田昭夫是這家公司的經理。保全人員看到他們的髒工作服，投以懷疑的眼光，不相信他的話。

伐爾知道警報系統的密碼，但他還在回家的路上，無法與他聯繫，只好相互乾瞪眼。

最後還是沙格爾想出了開保險櫃的辦法，這個主意使得保全感到有點惱火。但當他們看到沙格爾真的知道號碼，打開保險櫃，拿出了公司的文件證明他的身分時，也只好勉強認可，他們一邊搖頭，一邊走出去，這次虛驚使得他們更覺得親如一家了。

盛田昭夫花了很長的時間，打開 SONY 公司產品在美國的銷路。

非常幸運，盛田昭夫的一名日本老朋友山田志道，介紹他結識了阿道夫· 格羅斯先生。格羅斯先生是一個製造商的代表，自己也開了一家公司，叫阿格羅德公司，在 Broadway514 號。

當盛田昭夫向格羅斯談起 SONY 公司和前景時，格羅斯說他很喜歡，並立即答應做 SONY 公司的代表。他甚至在辦公室裡，當即為盛田昭夫留了辦公桌的位置，發展成為私人交情的同時，還保持著業務往來。

他和盛田昭夫成了好朋友，也成了盛田昭夫的老師。盛田昭夫非常幸運地在美國找到了幾位好老師。其中有一位是他在東京遇到、在夏威夷出生的日籍美國人，他的名字是嘉川義延，大家都叫他「醫生」。

這個美國人到日本，在占領軍的經濟部當律師。一九五二年占領結束後，他選擇繼續留在日本，在幾家日本公司當代表，其中還包括一家電影公司。

盛田昭夫請他當 SONY 公司的顧問，盛田昭夫早年幾次到美國，都是由他陪同。盛田昭夫有了幾位好老師，阿道夫· 格羅斯、嘉川義延，還有一位，也許是盛田昭夫最好的老師愛德華·羅斯尼，他原來是格羅斯的律師，後來成了盛田昭夫的律師。

阿道夫那時已有五十多歲，而盛田昭夫還只有三十歲出頭，但他們成為忘年至交。他很和藹、機智，毫不做作，說話輕聲細語，好像是在說笑，但是充滿正直。

他對國際貿易很感興趣，事實上他已經準備進口一些歐洲的高品質電子產品，包括德國製造的伊萊克唱片，它在早期的高保真發燒友中大受歡迎。

第一次見面那天，他倆談了很久，他對盛田昭夫和 SONY 公司與公司原則都非常關心。在很短的時間裡，盛田昭夫就從他那裡學到了不少在美國經商的經驗。

他向盛田昭夫描述美國的商業世界，還包括了一些非常實用的情報，例如不同商店的形象和特點，以及在美國經商的最佳途徑。他也試圖使盛田昭夫美國化，或者說至少教會了他一些人情世故。

一九五八年，阿道夫· 格羅斯在倫敦死於突發心臟病，盛田昭夫受到沉重的打擊。盛田昭夫一直對他有一種強烈的虧欠感，並將他視為他的美國父親。格羅斯夫人一直與 SONY 大家庭保持密切聯繫，總是邀請盛田昭夫參加 SONY 美國公司的一切慶祝活動。

直至格羅斯去世以後盛田昭夫才遇到他的律師愛德華· 羅斯尼，同時他還結識了阿道夫的會計師愛文· 沙格爾。從這兩位好人那裡盛田昭夫學到了有關美國的商業會計和法律知識。

當盛田昭夫考慮成立 SONY 美國公司的時候，他需要可以信賴的人，這兩個人正是他最好的老師和助手。因為沙格爾是持有執照的會計師，所以他可以監督盛田昭夫的稅務事務辦理得是否合適。

羅斯尼與盛田昭夫形同手足，在一起工作，一起吃飯，一起打高爾夫球，一起處理業務上的問題。除了其他的事情之外，羅斯尼還向盛田昭夫講授了美國的商業合約，這是日本幾乎沒有人懂的知識。

第一次和嘉川義延到美國的時候，盛田昭夫帶他到一家自助餐餐廳，並在一家便宜的旅館訂了房間。嘉川義延告訴盛田昭夫，這樣做不行。為了面子與尊嚴，也為了公司的威望，他們必須在更高的層次開展活動。

他還告訴盛田昭夫，住最好的旅館的最差房間，比住便宜旅館的最好房間要好得多。他堅持讓盛田昭夫到好的餐廳去吃飯，學會品味菜餚與服務品質的區別。當盛田昭夫手頭很緊，但又要到美國各地去旅行時，他倆有時不得不共住一個房間，但他倆總是住在較好的旅館。

有一個像嘉川義延那樣的好老師是無價的。那時候到美國來的大部分日本商人都關係很緊密，他們向那些更早來的日本人打聽，不用多想，就可以看出這並不是值得稱道的辦法。

儘管在國外多住了幾年，那些日本商人還是陌生人，若聽從他們的勸告，就像瞎子為瞎子帶路一樣。

盛田昭夫和井深大都特別重視人才，他們要轟轟烈烈地闖一番事業，一時間公司人才濟濟，信心十足，在此前後，東京通訊工業公司再次吸收了大量外部人才：

吉田進，一九四五年畢業於東北大學工學部電氣工學系，經由西川電波公司一九五三年進入東京通訊工業公司，AIWA，即愛華公司前副總經理，現任總經理；

森園正彥，一九四九年畢業於東北大學第二工學部電氣工學科，先就職於西川電波公司，於一九五三年進入東京通訊工業公司，為 SONY 公司副經理；

高崎晃升，一九三七年畢業於北海道物理學系，曾任東北大學副教授，一九五三年由金屬材料研究所轉入東京通訊工業公司，後任常務董事，現為 SONY 顧問；

江崎玲奈，一九四九年畢業於京都大學物理系，先後就職於神戶工業公司、奧林金電氣公司，一九五五年進入東京通訊工業公司，曾獲得一九七三年的諾貝爾獎，任職於美國 IBM；

植村三良，一九三久年畢業於東北大學工學部電氣工學科，曾任東北大學副教授，一九五五年由鐵道技術研究所轉入公司，後為研究部長、研究所長；

鹿井信彥，一九五三年畢業於東北大學工學部電氣工學科，從日本某公司轉入東京通訊工業公司，為專務董事。

所有這些科技人才，都是被盛田昭夫、井深大的人品和公司職缺吸引，陸續參與，組成了一個菁英團隊。

譬如，吉田進和森園正彥所在的西川電波公司，是生產拾波器和錄音帶容器等音響器材的公司，當他們聽說東京通訊工業公司正在研發新產品，來公司拜訪一次後，就決定留下了。

高崎晃升，是東京通訊工業公司資助的東北大學科學計測研究所，岡村俊彥教授的妹夫。

應盛田昭夫和井深大的要求，高崎晃升負責仙台工廠的建設和製造亞鐵酸鹽，他十分欽佩井深大和盛田昭夫的誠懇。高崎晃升在東京土生土長，曾在仙台兼任東北金屬的研究所長和大學講師。也許正是因為有這段經歷，高崎晃升進入東京通訊工業公司後如魚得水，仙台工廠開工之始就被委以重任——這正是井深大和盛田昭夫人盡其才的表現。

深入了解美國

不久，盛田昭夫開始頻繁來往於東京和紐約之間。

作為常務副總裁，他不能長時間遠離東京，但是作為正在美國組建公司的主要負責人，他又不能在東京逗留太久。

盛田昭夫開始感覺，SONY 公司應該要在美國落地生根，他必須更加深入了解這個國家。在美國建立公司名聲是一回事，了解美國人又是一回事，而且更難。但是盛田昭夫意識到，他個人的未來以及公司的未來，都依賴於美國和其他國際業務。

SONY 公司的產品半數以上已經出口，盛田昭夫有這樣一種想法：SONY 公司必須成為世界公民，在有生意往來的每一個國家成為好公民，必須掌握更多的市場統計和銷售數據。

盛田昭夫決定成立一個公司，叫做 SONY 美國公司。回到東京後，井深大和岩間都表示懷疑，更不用說紐約 SONY 公司的那些基層員工了。但盛田昭夫堅信應該做這件事，而且沒有人能強力反駁。

盛田昭夫在東京的同事決定，因為只有他最了解美國，這件事就由他去辦。這看起來是一件長遠的計畫，所以盛田昭夫決定等時機成熟後再開始進行，但他並沒有等待很長的時間。

盛田昭夫很久以前曾向大藏省提出申請，匯五十萬美元到美國，以備日後使用，但是一直沒被批准。出乎意料的是，正在他考慮成立美國公司的時候，批准信來了。就這樣，在一九六〇年二月，SONY 美國有限公司成立，資本是五十萬美元。

十六個月後，SONY 公司在美國市場上作為美國存託憑證（ADR），上市了兩百萬份 SONY 普通股票。

對於盛田昭夫來說，這是一次深刻的學習過程。雖然戰前，東京電力公司曾在美國市場上發行過債券，SONY 公司卻是在美國發行股票的第一家日本公司，SONY 公司能夠做到這一點，是因為當時剛剛建立的 ADR 系統。

在 ADR 系統下，股票雖然被發行地的股東持有，但提供股份的收據卻委託給一家美國的財政機構，這些收據可以在美國交易，就像一般股票一樣。

SONY 公司的銀行是野村證券公司。花旗美邦公司的美國分公司及其總裁伯勒· 沃克都認為，SONY 公司應該進入美國股票市場，在美國發行股票可以獲得資金，這種可能性激起了盛田昭夫的興趣。

一九六〇年的秋天，他們在東京討論了這件事，花旗美邦公司同意和野村證券公司一起擔當管理擔保方。

盛田昭夫在東京銀座開放了一間展覽室，讓潛在的顧客可以試用他們的產品，而沒有推銷員在一旁促銷。展覽室深受大眾喜愛，它的廣告價值巨大。因為他們是新公司，盛田昭夫必須向日本人介紹自己，就像後來他向歐美人自我介紹一樣。

盛田昭夫一直想在紐約建立一間展覽室。盛田昭夫巡視了這座城市，意識到，如果他要找的人是有錢人，要買得起 SONY 公司的高價產品，那就應該到第五大道去找。

盛田昭夫在曼哈頓中城的第五大道徘徊，觀察行人和商店，留下了很深的印象。他把搜尋範圍縮小到第五大道旁的上東城，在第四十五街口和第五十六路街之間，因為那一段街景看上去最為高雅。

然後盛田昭夫開始尋找合適、臨街的出租門面，他注意到大道上展示了很多國家的國旗，但還沒有日本。盛田昭夫決定，當他們的展覽室開張的時候，他們將在第五大道掛出第一面日本國旗。

為了找到一個合適的地方，盛田昭夫花了兩年，最後定在一間相當小的房間裡。他親手畫了設計圖，並在一面牆上鑲了玻璃，使房間看上去更大。他在展覽室裡工作，試著適應美國人的生活節奏，他突然想到，自己應該搬到美國，體驗美國人的生活。

當盛田昭夫一個人在紐約時，收到過很多邀請，結識了不少人；但他知道如果在美國有個家，經驗將會更為深入。

盛田昭夫沒有對別人提起這個想法，但隨著時間的推移，他越來越確信應該這樣做。美國是個開放進步的國家，而紐約就是通往世界的十字路口。

一九六二年十月，盛田昭夫帶著妻子良子，到紐約參加展覽室開張儀式，在開張儀式最激動人心的時刻，他認為時機已成熟，於是大膽地向她說：「良子，我們搬到紐約吧！」

良子非常了解他，所以聽到這個消息並不驚訝。盛田昭夫知道，她出生在東京這樣一個大城市裡，雖然她不會說英語，但她還是能適應新的生活方式。

她下定決心成全盛田昭夫的計劃，由於這次搬家，她甚至還建立起了自己的業務。

盛田昭夫知道她會將一切安排妥當，因為他長年出差在外，把她一人留在東京，她不僅要打理家務和照顧孩子，還要當他的私人祕書和業務聯繫人。盛田昭夫不在家的時候經常打電話給她，讓她轉傳一些訊息到辦公室或者其他地方。

現在，良子在國外已有很多朋友，而且她表現出待人接物的非凡才能，懂得如何成為民間外交家。

良子從小到大對外國並沒有太大的興趣，並不想到處旅行，但她的法國菜做得很好，所以盛田昭夫覺得這更加令人敬佩。她出身武士家庭，在江戶時代末期開始做書籍出版的生意，發展為很大的連鎖書店。

良子年輕時充滿活力，她在東京的住宅和盛田昭夫家在名古屋的住宅沒什麼大的不同，家裡有傭人親戚，熱熱鬧鬧。

她曾回憶說：「家裡一天到晚都有人談生意，就像盛田昭夫家裡一樣。還是小孩的時候，她只出過兩次遠門，是到東京以西的箱根渡假區，就在富士山附近。」

一九五一年，兩人經介紹相互認識之後，她承認，小時候她認為，盛田昭夫老家名古屋的西邊，已經是一片荒野。但她的父親穿西裝，也算得上是一個國際主義者。

盛田昭夫和良子有兩個兒子，英夫和昌夫，還有一個女兒，名叫直子。英夫十歲，昌夫八歲，小直子才六歲。盛田昭夫感覺全家出國居住對家庭很有好處，雖然剛開始每個人都會感到很難。

回到東京後，井深大對這件事表示疑慮。

他反對的主要理由，是他不願意他的常務副總裁離得太遠，但盛田昭夫提議他可以每兩個月回來一次，在東京住大約一個星期。盛田昭夫極力提倡使用電話，解釋說任何時候他們都可以聯繫。

在盛田昭夫的勸說下，井深大最後同意了。盛田昭夫知道他遲早會同意，便開始將計劃付諸行動。

在紐約，盛田昭夫讓員工為家人找房子，不久就找到了理想的公寓。

一名叫納遜· 密爾希太的著名小提琴家，住在第五大道 1010 號的三樓公寓，就在第八十二街口，大都會博物館的對面。小提琴家決定搬到巴黎兩年，正想把公寓連同全套家具租出去。

租金相當高，至少以他當時的財力來說很高，每個月一千兩百美元。但其他的條件樣樣令人滿意：位置優越，不需要搬很多家具到紐約，甚至不需要任何裝修。

密爾希太大師的品味很合盛田昭夫胃口，他們可以馬上搬進去。公寓有十二間房間，他們在日本住慣了小房子，這裡簡直就是宮殿。其中有四間臥室，加上傭人的房間，一間很大的起居室，單獨的餐廳和一間書房，房間都很寬敞，而且配有舒適的家具。

到了晚上，博物館的燈照亮整個建築正面，盛田昭夫一家想像著這就是巴黎，雖然紐約對他們來說已經很富有魅力。

盛田昭夫在四月份住進公寓，因為孩子還在上學，所以他們家要到六月才能搬來。盛田昭夫雖然是一個人住，卻有很多事情要做。

他每天搭公車去辦公室，與紐約人擠在一起，聽他們談話，像一名社會學家一樣，觀察他們的生活習慣。盛田昭夫也銷售產品，打電話給客戶。只要有空，還要為孩子物色學校。

花旗美邦公司的山姆· 哈特威爾在找學校這件事上，幫助盛田昭夫很多。他的孩子也在城裡的學校，所以對這方面很熟悉。

他給了盛田昭夫很多忠告，甚至為他安排交涉，有時還陪他一起去。

盛田昭夫曾拜訪二十所學校，希望他們願意接收三名完全不懂英語的日本小孩。但因為盛田昭夫剛開始時只打算在紐約住兩年。沒有幾間學校對此感興趣。

最後還是聖伯納學校的校長說，他很有興趣使他的學校更加國際化，他同意接收盛田昭夫的兒子，盛田昭夫也為直子找到一間學校。隨著孩子上學問題的解決，盛田昭夫一家就可以搬到美國，他開始感到比較輕鬆。

下一步，盛田昭夫還要把這件事告訴孩子。於是他飛回東京，帶全家到皇宮酒店，租了一間套房度週末。

那一年是一九六三年，東京正在準備迎接一九六四年的夏季奧運，正修建高速公路系統、許多新飯店和其他設施。在這個令人激動的時候，應該讓家裡的人住進東京最新的旅館享受一下。

英夫對進房間之前不必脫鞋這件事留下深刻的印象。一個星期六的夜晚，他們來到頂層，在優雅、可以俯視皇居的皇冠餐廳飽餐了一頓，回到房間後，盛田昭夫宣布準備搬到美國，還向他們許諾會去迪士尼樂園。

孩子並不知道他們將會到一個什麼樣的新環境，但八歲的昌夫卻非常願意。後來他說，因為所有西方電視節目都有日語配音，他以為美國人也說日語。

英夫年齡稍大，對搬家不太熱心，他不願意離開他的朋友。但盛田昭夫還真的帶他們去迪士尼樂園，就住在迪士尼酒店，讓孩子在去紐約前玩了盡興。

盛田昭夫意識到這次搬家對家人的影響，但是他相信「潛移默化」。一個星期後他們來到紐約，在安家之前，他們把兒子送進了緬因州的維諾那夏令營。

盛田昭夫想像不出還有比這更快的辦法，能使孩子早日適應美國的生活。夏令營規定最初兩週不得探視孩子，他們將要完全依靠自己，很快就會適應新生活。

盛田昭夫把兒子送進夏令營後，他建議良子去考一張美國駕照，盛田昭夫告訴她，在美國每個人都必須開車。另外還有些業務需要她開車去辦。此外，盛田昭夫的兒子在緬因州，他自己又要出差，良子必須學會照顧自己。

盛田昭夫覺得他們應該能夠到郊區去拜訪朋友，週末時能出去旅行。在準備考試的時候，良子很擔心自己有限的英語會話能力，她把全部的考點都背下來，包括一百道可能的試題，儘管她並不太懂，最後以優異的成績通過筆試，路考也沒有問題。

當盛田昭夫在美國初建公司的時候，經常有日本工程師和其他人到紐約，良子對他們而言簡直成了無價之寶。有時候，那些工程師會生病，或者吃不慣食物，或者遇到搞不懂的事情，這種情況下，良子除了為他們做飯，還會給他們建議。

他們的書房變成一個電子實驗室，工程師在那裡檢查和測試對手廠商生產的電視。書房裡到處都是電視、零件和工具。

夏令營的生活剛開始的時候，對兒子們來說很艱苦。那裡沒有其他日本孩子，他們被分到不同小組，睡在不同帳篷裡。營長買了一本英日字典，這樣在他們完全搞不清楚的情況下，他還可以對他們說一些他剛學會的日語單字。

昌夫說，他在那裡事事都照著別人的樣子去做，剛開始的時候他並不懂為什麼。在維諾那夏令營有很多選擇的機會，這與日本的夏令營大不相同，日本的夏令營每個人學的都是同樣的課程，昌夫總是與多數人一樣。

由於年齡不同，英夫被分到中級班，昌夫被分到初級班，他們只有吃中飯時才能見面。兩個不會說英語的日本孩子，要學會怎樣打棒球和游泳，還要與美國孩子一起攀岩，而這些孩子說的卻是第三種語言——美式英語。

不過，他們和其他隊員相處得很好，盛田昭夫和妻子週末時盡可能地去探望他們。英夫特別能吃，很喜歡充足的飯量，各種冰淇淋，大量的西瓜和水果汁。

昌夫不太喜歡夏令營，但是第二年夏天到了該回營的時候，他還是急切地想回去，後來退營時他還感到不高興。

孩子學會了獨立自主和美式作風，這些對他們都非常健康。他們懂得美國人與日本人之間的區別，開始懂得祖國的榮譽感和國旗的象徵。

每天早晨，他們會感受到唱美國國歌和升美國國旗時的偉大。後來盛田昭夫在東京建一所新房子時，也豎了一個旗杆，兩個兒子回到國外上學之前，每天早晨他們都要去升起一面日本國旗。

那一年直子太小，還不能到夏令夏令營，所以她被送到了城裡的畢奇伍德夏令營，只在白天接受訓練，也慢慢習慣了新的生活。

在紐約上完一年級後，她已經有資格去夏令營了，由於聽她哥哥講了維諾那夏令營的故事，她自己也這樣想。

第二年過了兩週，當盛田昭夫他們第一次去探望她時，她帶父母走到湖邊一艘小船，她自己划船帶他們周遊。

良子的英語剛開始時非常糟糕，但她下定決心學好它，很快就交了一些朋友。

每當盛田昭夫出差時，如果良子在公司沒有重要的事，她就會帶孩子去卡特斯基滑雪，或者到紐約郊區拜訪朋友。週末如果盛田昭夫在紐約，有時他們會出外野餐，良子開車，盛田昭夫負責看地圖。

良子也很善於招待來賓，舉辦午餐會和雞尾酒會，她只需要一名日本幫手。良子也曾遇到了一些困難，因為美國客商和其他人的妻子經常邀她去赴午宴，而盛田昭夫他們當時在紐約只有一個翻譯，還是男的，良子覺得帶他去參加婦女舉行的午宴不太合適。

另外在日本，男人從來不帶妻子參加外面的業務娛樂活動，在其他場合，當兩對或者更多夫妻同時出席時，丈夫總是和妻子坐在一起。但是按西方的禮儀，男主人會讓女貴賓坐在他的右邊，經常遠離丈夫，良子感受到了語言交流的壓力。

創造 SONY 的輝煌

> 當景氣衰退的時候，我們不應該辭退員工，公司應該犧牲一些獲利。這是管理階層應該承擔的風險，也是管理人員的責任。
>
> —— 盛田昭夫

繼續拓展海外市場

一九六〇年代中期，盛田昭夫越來越常出差。

SONY 公司早就深入到錄影產業，甚至在搬去美國前就是這樣。他們心裡早就有了家用錄影機的想法，設計製圖也規劃好幾年。當時電視還是黑白的，正普及到各地，生產多少台，就能賣掉多少台。

美國的安培克斯公司正在生產大型錄影機，用於廣播業。這使井深大和盛田昭夫都想到，人們肯定會希望在家裡有一台錄影機，供私人使用，就像他們有錄音機一樣。

一些非常有進取心的年輕職員和助理支持這種看法，大賀典雄就是基中的一個。

一九五〇年，大賀典雄第一次見到 SONY 錄音機時，還是東京藝術大學學聲樂的學生。由於他對 SONY 公司最初產品的大膽批評，多年來盛田昭夫一直很注意他。他是一個錄音機的擁護者，但他對 SONY 早期的產品並不滿意。

他說，播放和錄音時，速度變化引起的失真太大。他的想法極富挑戰性，他說：「一名芭蕾舞者需要一面鏡子來完善風格和技巧。一名歌手也需要同樣的東西，一面聲音上的鏡子。」

第一批用於廣播電台的安培克斯錄影機很大，大概占滿一間房，價值十萬多美元，用兩英吋寬的磁帶，繞在敞開式帶盤上，真是個累贅。

對於家用產品，SONY 必須設計小系統，這將要花費很多時間。從繞在敞開式帶盤上的兩英吋磁帶開始，他們做了好幾種樣機，一個比一個小。

一九六〇年代的時候，SONY 的產品用於泛美和美國航空公司的客機中，供旅客消遣。後來他們把磁帶的尺寸減小至四分之三英吋，還做了一個磁帶盒，把磁帶放到裡面，像盒式錄音帶一樣，只是大一點，叫做盒式錄影機。

自從一九六九年 SONY 公司投入市場後，盒式錄影機就變成了世界標準，替代了廣播電台的兩英吋錄影機。

錄影機也變成了工業機器。福特汽車公司買了五千台，用於各地的代理行，培訓銷售人員，其他公司則使用成千上萬台這種錄影機來培訓技術員和推銷員。

由於這種機器非常實用，開創了電子新聞採訪的年代。攝影機很小又易於操作，錄影帶可以省去攝製與編輯的時間，也不需要花大量資金去建立、維修膠片加工實驗室。

但井深大卻不滿意，這種機型由於太大和太貴，還是不能成為家用產品。後來他們生產出世界上第一台使用半英吋錄影帶的全電晶體家用錄影機，而且還不斷地增加各種機型，井深大仍然感到不滿。他想要真正小型化、使用非常方便的盒式錄影帶。

有一天，井深大從美國出差回來，一進辦公室就召集錄影機研發小組人員，強調目前最重要的就是家用錄影機，而機器的大小是關鍵。

他從包包裡拿出一本平裝書，這本書是他在紐約機場買的，他將書放到桌子上說：「我要的錄影帶就這麼大，這是你們的目標。這種尺寸的錄影帶至少應該能夠錄一小時的節目。」

這是一個挑戰，最後開創了盒式錄影系統。

無論是在日本國內還是在國外，SONY 的生意都越做越興隆。

一九六四年，SONY 開始生產桌上計算機。一九六四年三月，在紐約的世界交易會上 SONY 公司展出了世界上第一台固態組件桌上計算機，盛田昭夫親自到會主持展示儀式。

有一次，盛田昭夫正在紐約，向 《紐約時報》的記者展示攝影機，他聽到外面傳來消防車的聲音。他從窗戶往外望去，看到濃煙從自己的地下室冒了出來，他趕緊抓起攝影機，當消防隊員趕來時他拍下了當時的場景，然後立即放給記者看，那次是他平生做得最好的一次展示。

後來他們又上市了一種特殊的計算機，稱作 SOBAX，即音樂庫，是固態組件算盤的意思。但很快他們就意識到，許多日本公司已經加入到計算機的製造業中了，盛田昭夫知道不久就會因為殘酷的價格戰淘汰掉一些廠商。

這就是日本市場上的現實，他們總是力圖迴避。當事情已經很明朗，其他廠商準備不顧風險、利用降價來占領市場時，音樂庫放棄了製造計算機。

盛田昭夫的預測是對的，很多計算機製造商破產，其他的也被趕出了市場，損失慘重，而在音像和電視產業中，還有很多事情等待 SONY 公司去挑戰。

但反思後，盛田昭夫認為退出計算機產業的決定可能操之過急。如果當初堅持下去，SONY 可能就會在數位技術的早期研發中大有作為，並可將這些成果用於後來的個人電腦和音像應用技術。

隨著事情的發展，SONY 還是必須掌握這種技術。從商業觀點來看，SONY 公司在短期是對的，但從長遠的意義上講，SONY 公司犯了一個錯誤。

一九六四年，日本主辦夏季奧運，而日本的每個家庭似乎都需要一台彩色電視觀看比賽，所以 SONY 的生意特別好，以致要開一家新的電視工廠，滿足對彩色電視的需求。

奧運使國家去實施很多重要、必需的改進。早在奧運開始之前，人們就急需東京的高速公路和新幹線了。當日本申辦奧運成功後，很明顯，道路系統無法負荷即將到來的交通狀況，而且日本也不能容忍在電視轉播中丟臉，讓全世界都看到交通堵塞，於是高速公路便以史無前例的速度開始修建。

籌辦者還意識到，奧運期間彙集的大批記者中，有成千上萬的人是第一次來到日本，他們還會去參觀京都的古都、大阪的商業中心，以及沿著太平洋從東京、廣島直至南邊的九州的其他地方。

這些人將會使現有鐵路系統非常擁擠，加上它本來就需要更新，於是便建成了新幹線。

在奧運的準備中，對東京的羽田機場進行擴建和現代化的改造，大批的新旅館如雨後春筍，新景點美化了城市，不少私人和日本公司針對奧運研發新產品。

政府相關部門認識到，汽車和卡車喇叭的噪音汙染會有損日本的形象，於是他們利用這個機會立法，禁止不必要的喇叭聲，使城市得以安寧。

這種針對某一全國性事件而掀起的現代化運動並不是日本人的獨創，它卻大見成效。

一九七二年，北海道札幌主辦冬季奧運，整個城市也經歷了一場現代化運動，包括建起該市第一條地下鐵路，奧運期間的來訪者都對這些變化感到驚奇。隨著城市設施現代化，市民也因城市趕上現代化而感到自豪。札幌的市民變得更加成熟，開始用更加廣闊的眼光來看待這個國家和外面的世界。

對於盛田昭夫而言，整個一九六〇年代後期，有兩件事變得越來越重要，一是要到世界各地出差；二是要到日本各地視察日益擴大的生產網路和研究機構。

時間總是不夠用，所以公司理所當然地需要有自己的飛機，後來還有了直升機，這種事即使是今天的日本也是少有。

為了提高效率，盛田昭夫很快就獲得自己決定搭車還是搭飛機的權利。另外，盛田昭夫也可以搭獵鷹噴氣式飛機，但盛田昭夫還是經常搭乘民航班機。

長途飛行對盛田昭夫來說，並不像對其他人那樣令人疲倦，他在飛機上睡得很好；事實上，有時候他在飛機上比在旅館裡休息得更好。他帶一些壽司上飛機，也就是簡單的醋飯糰和生魚片，還要喝一小瓶日本米酒。然後蓋上毯子，告訴空姐不要因吃飯、喝飲料或者看電影而叫醒他，不一會兒就睡著了。

一九八五年，盛田昭夫擔任了日本電氣工業協會會長，這使得他出差不像過去那樣頻繁了，但他還得想方設法安排環球式的出差。

由於這樣的出差，他必須想辦法完成工作。因為 SONY 公司一半的業務在國外，而且 SONY 公司的風格是當一個產品的革新者，所以沒有既有模式可以遵循。盛田昭夫必須提出一套適合自己的系統，SONY 公司才能夠生存。

由於通訊系統日新月異，因而盛田昭夫一天到晚都在講電話，被人稱作電話迷。

盛田昭夫喜歡待在歐洲，盛田昭夫透過產品和業務、藝術上的共同朋友，與很多人成為至交。

東京和紐約的 SONY 展覽室深得人心，這使得盛田昭夫相信，SONY 公司需要在東京中心建立一個永久的標誌，因為他們的辦公室和工廠都遠離鬧區。

SONY 公司在銀座買下一個街角，正好在城市最熱鬧的十字路口上，他們在那裡蓋了一座八層大樓，這是建築法所允許的最高樓層。雖然無法再向上發展，但向下卻沒有什麼阻礙，所以在大樓的下面又做了六層。

地面部分是購物中心和公用設施樓層，空間已經很寬裕，盛田昭夫決定將地下幾層用於特殊用途。公司裡每天都要接待大量訪客，這使盛田昭夫想到，可以在大樓裡開餐廳招待客人，肯定能給他們留下深刻的印象。

另外，日本人喜歡在外面吃飯，SONY 公司也可以藉此賺點錢；但對於決定開一家什麼風格的餐廳，卻頗費躊躇。

盛田昭夫不打算開一家日本餐廳，雖然這樣做看來符合邏輯。

有一次他到韓國旅行，每天晚上都吃韓國菜，盛田昭夫意識到，在國外偶爾也會喜歡當地的食品，但並不會每天都想吃。另外也很難與真正的老牌日本大餐廳競爭。盛田昭夫覺得中國餐廳也不是個好主意，因為東京的中國餐廳太多了，以至於那些廚師經常「跳槽」；而當時，東京的法國餐廳很少，而且沒有一家正宗。

盛田昭夫以前常到法國出差，他還認識馬克西姆這家餐廳的老闆路易斯· 法達布，盛田昭夫知道當時他正在為泛美航空公司提供頭等艙的飛機餐，所以他有可能會對這種具有新意的事感興趣。

盛田昭夫聯繫他，並談到在東京開一家「翻版」的馬克西姆餐廳，採用正宗的法式裝潢，與法國廚師同樣的菜單、酒和餐桌服務，與巴黎的風格一模一樣。對方認為這是一個好主意，於是盛田昭夫派他的建築師到巴黎走一趟。

SONY 大樓的兩個底層被改建成馬克西姆餐廳。一九八四年，法國的 LaTourd'Argent，即銀塔餐廳，在一家東京旅館裡開辦了分店，從那以後，東京的法國餐廳就越來越多。

法國旅客在東京發現這麼好的法國風味食品，都感到非常高興。巴黎甚至還有一家日本人開的麵包店，向法國人出售法式麵包。

此外，盛田昭夫還決定要在巴黎開一間展覽室，並認為必須開在香榭麗舍大道上，盛田昭夫認為這條大道可能是世界上最負盛名的街道，甚至比紐約第五大道更有名，尤其是晚上。深夜裡，紐約的第五大道上只剩下幾家書店還在營業，但是香榭麗舍大道不管什麼時候都是摩肩接踵。

在 SONY 美國公司成立後不久，又成立了 SONY 海外公司，這家公司設在瑞士。

在倫敦和巴黎 SONY 公司曾請過當地的代理商幫助銷售產品。在美國自辦銷售和市場經營後，盛田昭夫從中得到信心，所以決定在歐洲也應採用同樣的方法。

為了撤銷原來的銷售協議，他們進行了冗長的、艱難的談判。更改 SONY 公司與倫敦的代理商之間的協議相對而言比較容易，儘管 SONY 公司在那裡長時間虧損。

SONY 公司與法國公司之間的事卻很難辦。為了撤銷與原來法國的代理商的協議，談判花費了幾年的時間。SONY 公司的代理商既是財政部長的好友，又是一個非常熱衷於打獵的人，他有一架私人飛機，經常帶著財政部長出遊打獵。

當 SONY 公司想撤銷與他的代理協議、建立自己的下屬公司時，財政部沒有給予批准。盛田昭夫透過律師長期與之斡旋，最後政府很不情願地批准了，但是只能成立一間各占一半股份的合資公司。盛田昭夫接受了這個辦法，並選擇了瑞士銀行作為合夥人。

與在法國的艱難歷程相比，SONY 公司在德國很容易就建立了一家子公司。因為盛田昭夫不願意 SONY 公司和職員捲入到日本人的圈子裡，他們主要集中在杜塞道夫，所以他們把 SONY 德國公司建在科隆，透過高速公路到那裡很方便，但又保持了足夠的距離，以致職員大部分的時間都只能跟德國人打交道，而不是跟海外的日本人在一起。

一九七一年，SONY 公司在巴黎的 SONY 展覽室正式開張，正如盛田昭夫所希望，它開在香榭麗舍大街上，當時 SONY 夏威夷公司、SONY 巴拿馬公司和 SONY 英國公司已紛紛成立。

雖然盛田昭夫當時認定，在美國開一家工廠的時機已經成熟，但這一步驟要付諸實施卻並不輕鬆。

回顧一九六三年，盛田昭夫剛搬到美國去時，一家日本化學公司決定在美國開辦工廠，盛田昭夫曾與這家公司的總裁進行過一次錄音對話，那次談話後來發表在東京一家有影響力的雜誌《文藝春秋》上。

談話中，盛田昭夫發表了自己的觀點，在國外事先沒有建立銷售系統、沒有充分了解當地的市場行情就開辦工廠，那只是一種錯誤。盛田昭夫認為必須先了解市場，學會怎樣銷售產品，在採取行動之前必須建立信心，而一旦有了信心就應該全心投入。

沒過幾年，那家化學公司並不滿意銷售情況，競爭又非常激烈，所以他們還是從美國退出，有點操之過急。

盛田昭夫一直很想在美國生產 SONY 公司的產品，但是他認為，只有在已經占有很大的市場、了解到怎樣銷售，並且可以提供售後服務的情況下才能這樣做，這些條件都具備之後，他們就可以從就地取材中獲益。

一九七一年，這個時機來到了。SONY 公司產品的銷售量很大，公司將較大的機器運到美國。這使盛田昭夫想到這樣一個問題，船運的運費是按體積計算，而電視中最大的零件是陰極射線管，陰極射線管其實是一種玻璃容器，裡面是真空。也就是說為了把 「真空」運過太平洋，SONY 公司付出了大量金錢，這樣看來太不合理了。

另外，在大市場當地辦廠還有一個明顯的好處，那就是可以隨時根據市場趨勢來調整生產，使設計能及時滿足市場需求。

當時，盛田昭夫的妹夫岩間和夫很贊成這個想法，他是SONY 美國公司的總裁，他已經在紐約找到了好幾個廠址。

剛開始時，公司只是在工廠裡把從日本運來的部件組裝，但是到後來只需要從日本發運電子槍和一些特殊的積體電路。

獨特的管理觀念

最好的日本公司的成功原因，並沒有什麼祕方或者公式，沒有一種理論、計劃或者政策可以使得一個公司成功；只有人才能做到這一點。

對於一個日本的經營者來說，最重要的任務是發展與員工之間的關係，在公司中創造一種家庭的感覺。

在日本最成功的公司，總是努力創造同舟共濟的關係，這種關係在美國被稱作勞動者與管理者、股東之間的關係。

盛田昭夫從來沒有看到這種簡單的管理系統適用於任何別的地方，而他相信，他們已經令人信服地展示出這種系統行之有效。對於其他人而言，採用日本人的系統也許不太可能，因為他們可能太受傳統束縛，或者太膽小，強調人的因素必須是真誠，而且有時還需要膽略，甚至很危險。

盛田昭夫每年都要親自向新進的大學畢業生發表演說。日本的學年是在三月結束，公司在最後一個學期招收新員工，所以在學年結束之前學生們就知道了自己的去向。四月份他們開始參加新工作。盛田昭夫總要把新員工召集到東京的總部，舉行一個介紹儀式。

日本很多個世紀以來，很多人過著貧窮甚至饑餓的生活，城市和鄉村的貧窮很普遍；而現在的日本人不再承認特權，這使盛田昭夫想起松下幸之助這位日本電子工業的偉大前輩，他在九十歲高齡時還和他幾百名普通職員一起乘坐經濟艙。

日本戰後的成功，已經使很多人致富，卻沒有像英國或者歐洲擁有大量財富、占有土地的家族，在那裡，無論是社會動盪還是政府更替，甚至戰爭，他們的財富似乎都照樣不變。

盛田昭夫曾經訪問巴黎，在一次聚會上，他很讚賞一位可愛女士佩戴的鑽石項鏈，她的丈夫立即非常慷慨地告訴盛田昭夫那家珠寶商的名字。

盛田昭夫感謝了他的好意，然後告訴他，自己買不起這麼貴重的東西。

他瞪大眼睛望著盛田昭夫說：「你很有錢，你一定買得起，我肯定。」

「你和我之間有很大的區別，我只是有一些錢，而你卻是大富豪，所以你可以買這樣的珠寶，我卻不能。」

戰前，像盛田昭夫那樣的家庭是很富有的，他們過著與現在日本人完全不同的生活，而盛田昭夫的鄰居都是名古屋最有錢的人。

那時候日本人在茶館裡談生意，茶館每六個月或者一年寄一次帳單來，像盛田昭夫父親那樣的有錢人總是開私人支票付帳，而不使用公司支票。

戰後，新法律完全改變了這種情況。如果一個人收入的百分之八十五要繳稅，那麼他就很難買得起汽車、雇司機和支付其他業務開支了。

盛田昭夫家的運氣很好，儘管名古屋遭受了猛烈轟炸，他家的公司和住房卻沒有被毀壞，幾乎成了唯一的倖免者。但是戰後他們再也沒有女傭和管家了，母親開始自己做家務，她說這對她的健康很有好處，盛田昭夫也相信的確如此。

盛田昭夫家必須繳納大筆的財產稅，所以他們在土地改革中失去了很多家產，田地幾乎全部都租給了農民，他們種植水稻，並把它賣給盛田家的公司。

盛田昭夫家幾乎失去了一切，但是沒有關係，他們心懷感激之情，因為家裡的三個兒子雖然經歷了戰爭，卻都平安無事，況且家裡還可以繼續開公司。

然而家裡還是有很大的變化。在戰爭期間，盛田昭夫的父親不得不騎腳踏車上班，現在他也不可能得到一輛配有司機的汽車了。

占領軍司令部編寫了新法律，旨在提高員工的權利，同時也想遏制富人東山再起。他們的觀點是那些富人，特別是少數涉及軍火工業的大財閥家族以及他們的同類必須被削弱。

不管怎麼樣，他們肯定認為所有的富人都應該為戰爭負責，當然這是錯誤的。當時很多人都可以看出，財閥認為可以控制軍方，但是最後他們卻成了軍方的俘虜。事與願違，占領軍司令部的命令反而使日本的工業得以復興。

大清洗的一個積極作用就是從管理層中排除某些身居要職的老朽，雖然同時也失去了一些好人，一群具有新思想的第二、第三梯隊的年輕人被推上了領導階層，他們正是參加實際工作的經理、工程師和技術人員。

這個措施幫助很多公司重新獲得了生機，也使得其他人有機會成立新的公司，SONY 公司和 HONDA 汽車公司就是其中的範例，很明顯，原有的老牌大公司不再可能支配一切。甚至在老牌大公司中，大清洗也使一些更加年輕有為、訓練有素的人成為高層領導。

當日本的經理和員工都意識到他們有很多共同之處、需要制定一些長遠的計劃時，就產生了終生僱用的概念。根據法律，要開除員工很困難，也需要花費不少的錢，一方面員工急切地需要工作，另一方面競爭激烈的企業需要保持忠誠的員工。

戰後時代，由於有了新的稅法，公司付給經理們高薪也無濟於事了，因為稅款隨收入急遽上升，很快就會達到最高檔次。公司提供的福利，例如宿舍和交通補貼，可以補償員工的納稅。在日本幾乎沒有聽說過逃稅和漏稅的事。

國家稅務局每年頒布最高收入者名單，並刊登在全國性的報紙上。

一九八二年稅務局的報表說，只有兩萬九千名日本國民的收入超過了八萬五千美元。

一九八三年時，根據經濟合作與發展組織的報導，一個工廠裡的典型日本工人，妻子未工作，家裡有兩個孩子，他一年的收入只有其美國同行的三分之二。但是可由他支配的收入所占的比例卻高一些，因為在這個水準上，他納的稅比美國人少。

如果日本的工人要賺到這麼多錢，就需要工作更長的時間，因為他的薪水與美國工人相比更低；然而在日本，人們並不認為透過努力工作獲得報酬有什麼不對。

事實上，一九八五年的政府調查表明，大部分的日本工人都沒有休完他們享有的全部假期。

盛田昭夫在辦工業時學到的與人相處之道是這樣：人們工作並不僅僅是為了賺錢，如果你想激勵他們，金錢不是最有效的工具，你必須把他們帶入一個大家庭，把他們當作受尊敬的家庭成員來看待。當然，在日本這個單一民族的國家裡要做到這一點比在其他地方更容易，但如果國民都受過良好的教育，那麼也可以做到這一點。

對教育的興趣要追溯至德川幕府的年代，從十七世紀初算起，當時日本已經閉關鎖國了將近三百年。那時的社會完全與外界隔絕，只能透過長崎與外國人做生意。

當時，日本可能是世界上唯一的長治久安的國家。第二次世界大戰以後的四十年，是歐洲有史以來最長的和平時期，而日本從一六〇三年第一代將軍德川家康奪取天下以後，直至一八六八年大政奉還從而結束江戶時代之前，在長達兩百五十年的時期之內都沒有發生戰爭。那時雖然武士都佩劍，但很多人並不知道如何使用。

身分等級制度森嚴，每個人都受身分等級的制約。武士的地位最高，而他們自身又分成很多級別，商人處在最低層。要想打破身分等級的約束，只有一條出路，那就是成為藝術家或者學者。當時藝術受到尊崇，例如文學、繪畫、製陶、歌舞伎、茶道和書法等。

精於日本和中國古典文學的學者非常吃香，一個人只要成了學者，不管他出生在哪個家庭，是什麼身分等級，社會地位都可以提高。這樣一來，農民或商人出身的人就十分熱衷於教育，因為這是唯一的出人頭地的途徑，也是唯一的改變身分等級的辦法。所有的農民都想把自己的孩子送入學校，於是開辦了不少私立學校。

一八六八年明治維新開始時，全國的人口是三千萬，開課的學校已達一萬所。當然每所學校招收的學生很少，江戶時代未受過良好教育的父母也知道教育對於孩子的價值。只要有學校，孩子聰明，他們就會送孩子去上學。

正是因為這種對教育的廣泛興趣，當明治時期開放港口、政府決定引進西方的文化時，民眾有一股向外部世界學習的強烈熱情。開始實施義務教育制度後，識字率也提高得很快。

在日本，一個地方工會的負責人或者員工有時會升任總裁，其原因正是在於教育水準很高。例如 MAZDA 公司的總裁山本健一，剛進公司的時候只是一名工程師，以後從工廠領班升到公司老闆，那時候公司的名稱還是東洋工業公司。

一九八五年，當 SONY 公司決定在美國建廠製造汽車時，盛田昭夫親自與汽車員工聯合工會的官員就勞動協議商談。他之所以能夠做到這些，那是因為他對自己的工作非常熟悉。多年以前，他曾經是 MAZDA 員工工會的總幹事，所以他與 UAW，即全美汽車員工聯合會的人有共同語言。

SONY 公司的勞資關係非常平等，藍領與白領員工之間的差別非常小。如果一位男員工或者一位女員工成功地當上了工會會長，就會引起 SONY 公司的注意，因為這正是管理階層需要的人。

管理並不是專制，一間公司的最高管理層必須具備領導員工的能力。盛田昭夫一直致力尋找具備這種能力的人，僅僅根據缺少學校的某種證書或者他們一時從事的工作來劃分人才，只是一種短視的行為。在

在日本，並非所有的公司員工和管理階層總是親密無間。一九五〇年，豐田汽車公司遭受了一次大罷工，導致最高管理人員的辭職。戰後在其他公司也發生過一些大型、時間不長的罷工。

盛田昭夫親身經歷過的唯一一次罷工發生在一九六一年，當時恰逢 SONY 公司成立十五週年慶，而他受命處理此事。SONY 公司原來的工會深受左派分子的影響，那一年左派將 SONY 公司作為目標，向他們挑戰，要求只能有一個工會。

盛田昭夫聲稱只有一個工會是不公平的，他告訴他們：「只有一個工會違背了個人的權利。如果別人想成立另一個工會，他們有權利這樣做。這才是自由，這才是民主。」

盛田昭夫的回答針鋒相對，他感覺到工會領導人的態度越來越強硬，想擴大事態，而盛田昭夫也有同樣的想法。

工會領導人知道 SONY 公司將在五月七日舉行週年慶典，他們威脅要在那一天舉行罷工，他們認為週年慶對於每家公司都非常重要，所以這個威脅足以使他們讓步。

但盛田昭夫卻不這樣看。他了解他們的員工，他們中的大部分人盛田昭夫都認識。盛田昭夫知道，很多員工都有良知，他

們贊成成立多個工會，他們會脫離深受政治影響的工會，而加入另一個更加負責任的工會。

盛田昭夫對員工非常有信心，他不想看到與公司有合作關係的人受到幾個極端分子的誘導。於是他採取了嚴厲的措施。他們的首領認為盛田昭夫只是虛張聲勢，在最後時刻他將會做出讓步，因為盛田昭夫畢竟想成功地舉行慶典。

SONY 公司原計劃在總部大樓裡舉行慶典，邀請了很多高層，也包括池田首相。

隨著慶典日期的臨近，SONY 公司與工會做了不少的交涉，但是他們卻越來越過分。他們認定 SONY 公司終究要妥協，因為在舉行週年慶時街上到處都是糾察，會使公司很丟臉。

盛田昭夫沒有暴露內心的想法，但他討價還價到最後一刻。直至週年慶前一天晚上，還是沒有達成任何協議，工會領導人一哄而散。

在週年慶的那天早晨，罷工者包圍了品川的公司大樓。罷工者和一些被帶來充數的人封鎖了街道，一些人舉著寫有譴責井深大和 SONY 公司的標語的牌子。同時一些工程師決定成立自己的工會，很多人打出旗幟表示支持。成百上千的忠於 SONY 公司的員工也來到大街上，站在罷工者和工程師的後面。

盛田昭夫穿著晨裝出現在窗前，為慶典做準備。但是井深大和其他客人沒有到 SONY 公司大樓來參加慶典，罷工者以為他們已經迫使 SONY 公司取消了慶典，但是很快他們就意識到搞錯了。

前一天晚上，在與工會夜以繼日的討價還價期間，一直守候在總部大樓裡的許多公司負責人，分別打電話給三百多名客人，告訴他們慶典將改在大約兩公里以外的王子飯店舉行。

首相未受任何阻撓地參加了慶典，慶典獲得了很大的成功。井深大代表 SONY 公司發表演講。

當罷工者知道上當時，感到非常羞恥。盛田昭夫從後門溜出去，在結束之前趕到了飯店的慶典會場。當他步入會場時受到了大家的熱烈歡迎，首相說：「SONY 公司對待極端分子的態度值得別的公司讚賞。」

原來的工會放棄了罷工，第二個工會成立。今天在 SONY 總公司有兩個工會，包括原來的那個工會。事實上，大部分員工並沒有加入工會，但公司與全體員工的關係都非常友好。

盛田昭夫能夠與員工保持良好的關係，是因為他能夠設身處地地為員工著想。在日本，如果一個企業家將員工當作工具，是無法營運下去的。他可以創立一個公司，僱用員工來實現他的理想，但是一旦他僱用了員工，他就必須把他們視為同事，而不是賺取利潤的工具。

管理者必須考慮給予投資者很好的回報，但也必須考慮他的員工，或者說他的同事，這些人幫助他保持公司的生命力。投資者與員工在同一位置上，然而有時員工更加重要，因為他們會工作好幾年，而投資者為了賺取利潤，出於一時的想法就會離開。

甚至在日本，公司也有很多種途徑來實現這個目的，但是有一個基本原則，那就是相互尊重和達成共識，即公司是員工的財產，而不是少數幾個高層領導的。身處高層的人有責任忠實地領導這個大家庭，並能夠關懷每個家庭成員。

統一管理 SONY 企業

SONY 有一個政策，無論在哪一個地方，都把員工視為 SONY 公司的家庭成員和有價值的同事。

正是由於這個原因，SONY 公司在英國的工廠開張之前，把管理人員，包括工程師，都帶到東京，讓大家一起工作，像家庭成員一樣一起接受培訓。所有的人都接受同樣的待遇，所有的人都穿一樣的制服，在同樣的餐廳裡用餐。領導人也沒有專用辦公室，即便工廠的廠長也是如此。

在歡迎新職員的儀式上，盛田昭夫每次都會親自發言：

「首先，我想請你們理解，公司和大學不同，在大學是你們交學費，但是從這個月開始，將由公司發給你們薪水。

其次，在大學裡只要能答題出色，即可得滿分，萬事大吉；如果什麼都不寫，就會抱鴨蛋。但是在公司，你們每天都在考試，一旦有錯誤，就不只會抱鴨蛋，還會有許多麻煩。

SONY 公司不是軍隊，你們選擇 SONY 完全是自己的意願。進入公司以後，你們將在這裡度過二十年或者三十年的時間。人生只有一次，我衷心希望你們不要為在 SONY 的歲月而後悔。

因此，在進入公司的兩三個月時間裡，請你們想想，在 SONY 工作是否幸福。」

盛田昭夫的演講每次都會贏得職員的熱烈掌聲。職員聽過盛田昭夫的演講之後，都覺得他的演講非常精彩，相信在 SONY 公司工作只要憑真本事就可以，不再擔心自己的學歷不高。

SONY 公司提倡管理人員與辦公室的職員坐在一起並共用辦公設施。在工廠裡，領班每天早晨在上班之前與他的同事們開一個短會，告訴他們當天的工作內容。

領班要當著全體同事的面匯報前一天的工作，匯報的時候他認真地觀察每個隊員的臉。如果有人的神情不對頭，他就會專門去了解這個人是否生病了，或者有某種問題和煩惱。盛田昭夫認為這一點很重要，因為一個帶有疾病，有精神問題，或者情緒煩惱的員工，不可能正常工作。

有時，一個人的工作或工作條件並不適合這個人。在日本變換工作已日漸普遍，沒什麼大驚小怪的，但與美國員工相比還是少得多。這是因為日本工作的體系裡沒有美國員工享有的那種機動性，美國人可以容易地辭掉一個工作，再另找一個。

盛田昭夫認為應該在 SONY 公司裡為應付這種情況採取一些措施，以保持公司的健康，讓員工心情愉快，而且他非常希望員工能夠固定下來工作，認為這樣更有利於保持旺盛的生產能力。

SONY 公司所有的工程師，剛開始都要分配到生產線上去工作很長一段時間，以便他們了解生產工藝如何與工作相互匹配。有些外國的工程師不理解，更不喜歡這一套，但是日本的工程師卻似乎願意由此獲得第一手經驗。

在美國，一個領班可以終生當領班，如果他本人和公司都願意這樣的話，當然這也無可非議。而盛田昭夫個人卻認為，如果一個人在一個職位上待太久，心裡已經有了厭煩情緒，那麼改變一下他的工作職位會更好。

為了培養同事的工作關係並保持聯繫，盛田昭夫以前，幾乎每天晚上都要和很多年輕的基層管理人員共進晚餐，和他們長談。有一天晚上，他發現一個年輕人有點鬱鬱寡歡，他鼓勵這個年輕人說出苦惱。

喝了幾杯後，這個年輕人感到輕鬆了一點，於是坦誠地說道：「我進公司以前，對這個公司的印象很好，認為這裡是唯一適合我工作的地方。但是事實上，我現在是在為某個部門的主管工作，而不是在為SONY 公司工作。他代表公司，但他很愚蠢，我做的每一件事和提出的每個建議都必須獲得他允許。就我個人而言，這樣一個愚蠢的傢伙代表著 SONY 公司，真是令人大失所望。」

這個問題提醒了盛田昭夫。他馬上意識到公司裡肯定還有很多人也有類似的問題，自己應該清楚他們的困難處境。於是盛田昭夫辦了一份公司內部的週報，在上面登出應徵廣告。這樣一來，一些員工就可以不動聲色地嘗試一下其他的工作了。

他們大約每兩年，就把員工換到相關的或者新的職位上，但是對於準備調動工作而又有幹勁的人必須先給予一個內部調配的機會，以便他們找到自己的工作水準。

從這種做法讓公司得到兩方面的好處，員工通常可以找到更滿意的工作，人事部也能發現那些部下紛紛離去的經理的潛在問題。例如，他們曾發現一名不稱職的經理，因為他的很多部下都想調離。

解決這種問題的辦法，是把這個經理調到一個下屬很少的職位上，通常這個辦法可以奏效。他們從聽取員工的意見中學到了不少，因為智慧畢竟不是管理人員所專有。

內部調動系統還有另一個重要功能。例如出於偶然，原來錄用的警衛或者其他基層員工，應徵當一名文案撰寫人或者其他類似工作，考試後，公司發現他是合格的人選，而且在新工作中也很出色。

公司經常有徵人廣告，徵打字員、司機或者警衛，來應徵的人並沒有考慮他們的真實能力，因為當時他們急需這份工作。

剛開始時，人事部為新員工安排工作，但人事部和經理並不可能了解所有情況，而且管理者也不可能每次都將適當的人安排在適當的職位上。

但每個員工都想找到適合自己的工作，所以盛田昭夫對那個抱怨自己的領班的員工說:「如果你對自己現有的工作不滿意，你應該有權找到更加合適的工作，為什麼不呢？」

如果一個人選擇了他想做的工作，他就會受到鼓舞，因為他喜歡。

不幸的是，這並非日本公司的典型情況，但是從很久以前，盛田昭夫就決心要建立一個不同的體系，在這個體系中，變化和改進的大門總是敞開。在盛田昭夫看來，任何關閉這扇門的企圖都是錯誤的，所以他制定了一項制度，一旦 SONY 公司僱用了一位員工，他的學歷就成為過去，不再用來評價他的工作或者決定他的升遷。

針對這個問題，盛田昭夫在一九六六年寫了一本書 《學歷無用論》，結果這本書引起了不小反響，在日本賣了兩萬五千本。

這本書問世後不久，在很長一段時間裡，SONY 公司很難從名牌大學應徵畢業生，因為那些名牌大學的畢業生，認為 SONY 公司侮辱了他們，而且有人懷疑盛田昭夫是一個粗淺的人。然而事實並非如此，SONY 公司只是想要找到有實際能力的人，而不是那些以學校名聲為資本的人。

公司剛建立時，盛田昭夫還是管理新手，他沒有別的辦法，只好採取自己的非正統方法。剛開始的時候人很少，他可以與全體員工討論每一件事，找出不同途徑，直至大家都滿意或者問題得以解決。

盛田昭夫相信，SONY 公司快速成長的原因之一，正是因為他們有這樣一個自由討論的環境。

在日本戰後創建的所有公司中，SONY 公司是第二大公司，僅次於 HONDA 科技公司。

井深大是一個極具領導才能的人，他能吸引人，大家願意忠實的與他工作。事實上，SONY 公司的歷史就是一群人試圖幫助井深大來實現他的夢想。

井深大在技術領域具有天才和創意，或者說是一種洞察未來、料事如神的能力，這使得每個人都深為折服，然而不僅僅如此而已，他還有能力使一群年輕的、充滿自信的工程師組成一個管理團隊，讓這個團隊在一個各抒己見的環境中相互合作。

當大部分日本公司談到合作或者共識的時候，意味著取消個性。在 SONY 公司，領導人卻受到了將意見公開的挑戰，如果這些意見與別人有衝突，那是件好事，因為從中可能產生更好的辦法。很多日本公司喜歡說「合作和共識」，因為他們不喜歡有個性的員工。

不管是否有人問盛田昭夫，他都要說，一天到晚談「合作」的經理，其實沒有能力利用優秀的人才以及他們的想法。

甚至在 SONY 公司裡，盛田昭夫也曾為這個觀點長期大聲疾呼。幾年前，當盛田昭夫擔任副總裁，田島道治擔任董事長的時候，有一次盛田昭夫為了闡明他的觀點，他們發生了衝突。

其實，田島是個很好的人，他是一位傳統派的紳士，曾經擔任宮內廳長官，專門負責處理皇室的內部事務。

不過，盛田昭夫的一些觀點使田島很生氣，但盛田昭夫還是堅持按自己的想法行事，雖然盛田昭夫已經看出田島持反對意見。

由於盛田昭夫一再堅持，很明顯，田島越來越惱火，最後他忍無可忍地站起來說：「盛田昭夫先生，我知道你和我有不同的想法。為此，我不願意留在像你這樣的公司裡，你的想法與我的不一致，這會讓我們以後很難相處。」

盛田昭夫的回答非常強硬，他說：「先生，如果你和我對所有的事情都有著同樣的想法，那麼就沒有必要我們兩個人都留在這個公司裡拿薪水。這樣一來，我們兩個中的一個就應該辭職。正是因為你和我有不同的想法，公司才能少犯錯誤。」

然後，盛田昭夫緩和了說話的態度說：「不要生氣，請想一想我的觀點。如果你因為我的不同意見而辭職，那你就是對公司不忠誠。」

田島剛開始的時候感到有點驚訝，但他還是留下來了。

實際上他們的爭論在公司裡並不算什麼新聞。如前所述，最早的時候他們還沒有公司歌曲，但他們還是有一個宣言，叫做「SONY 精神」，他們信奉這個宣言。他們首先聲稱 SONY 是先鋒，絕不甘願跟在人家後面，SONY 願意為全世界服務。

SONY 公司一直這麼講，也一直這麼做。SONY 公司還會按照這個宗旨一直做下去，是一個未知領域的探索者。

盛田昭夫也曾這樣說過：

「開拓者的道路充滿了困難，儘管經歷了千辛萬苦，SONY 人總是緊密地團結在一起，因為他們熱衷於參加創造性的工作，並為這個目的貢獻才能，所以他們感到驕傲。」

SONY 公司還有一個原則，那就是尊重和鼓勵個人的能力，人盡其才。

盛田昭夫認為工作的中心其實就是人。當他們環視其他日本公司時，他們看到認同者太少，因為他們的人事部簡直就像上帝，下命令給別人，將員工調來調去，硬塞到工作職位上。

與員工建立健康關係

盛田昭夫總是擠出時間熟悉員工，去查看公司的每個部門，盡量結識每一個人。但隨著公司的成長，要做到這一點變得越來越困難了，他不可能去逐一認識公司四千多名員工，但他還在一直朝這個方向努力。

盛田昭夫鼓勵所有的經理去認識每一個人，而不要一天到晚待在辦公室裡，他經常告誡公司的主管說：多和員工接觸。

為此，只要有可能，盛田昭夫就喜歡到工廠或者分部與人們交談。

有一次，他到了東京的市中區，他的日程表上還有幾分鐘的空檔，他看到 SONY 旅遊服務公司的一個小辦事處。他從來沒有到過那裡，於是走了進去自我介紹說：「我相信你們從電視或者報紙上已經認識了我，所以我想，也許你們希望看一看真正的盛田昭夫。」

大家都笑了，盛田昭夫在辦公室裡走了一圈，與職員交談。

有一天，盛田昭夫到離帕羅奧圖不遠的一個 SONY 的小實驗室，這時，他們的一個美籍經理問他是否願意照幾張相，盛田昭夫非常樂意。他與三四十個員工分別照了相，他還對那位經理說：「我欣賞你的態度，你明白 SONY 公司的方針。」

為了慶祝 SONY 美國公司成立二十四週年，盛田昭夫和良子飛往美國，與美國全體員工野餐或者吃飯。他們是這樣安排：和紐約的員工一起野餐；與阿拉巴馬州多特罕磁帶廠以及聖地牙哥工廠三個班的員工吃飯；在芝加哥和洛杉磯和大家跳舞。

這個活動使盛田昭夫感到很滿意，這是盛田昭夫的一部分工作，他喜歡那些人，他把他們當作自己的家庭成員。

使 SONY 公司成功的真正關鍵只有一個，那就是「以人為本」，盛田昭夫說：

「SONY 公司經營者最重要的使命，就是與員工建立一種健康的關係，在公司內部創造出一種家庭式的和諧感情，而這種感情使得管理階層與員工發揮同舟共濟的精神，美國人所謂的勞資雙方以及股東全都包括在內。」

這種簡單的管理模式，在日本已證實有效，要其他國家採用日本式管理制度不太可能，因為一方面要突破傳統的束縛，同時也需要很大的勇氣。

「以人為本」的管理，不但需要發自真誠的貫徹決心，也需要極大的魄力才能執行，盛田昭夫卻把這套管理模式運用得爐火純青，因為他深刻地認識到：「實施以人為本的管理方式雖然風險性極高，但是從長遠看來，不管你個人多麼優秀、多麼成功、多麼精明抑或是多麼能幹，你的企業及未來都繫於你聘僱的員工身上。說得更誇張些，企業未來的命運，實際上正操縱在公司最年輕的員工手中。」

盛田昭夫認為：如果把所有需要動腦的事都留給管理人員，那麼一間公司就不會獲得成功。公司的每個人都要作出貢獻，而基層員工的貢獻不僅僅在於手工勞動。

SONY 公司堅持做到讓全體員工都貢獻出自己的智慧。

SONY 公司每個員工平均一年提八條建議，這些建議大部分與減輕他們的勞動或者提高可靠性和效率有關。西方有些人嘲笑這種建議制度，他們說這是在強迫員工複述一些顯而易見的事，或者表明缺乏管理人員的領導，這種態度說明他們自己缺乏理解。

SONY 公司沒有強迫員工提建議，他們對這些建議很認真，並把其中最好的付諸實施。因為大部分的建議都與員工的工作直接相關，他們發現這些建議很貼切也很有用。總之，除了做這些工作的人，誰還能夠提出更好的意見來組織這些工作呢？

盛田昭夫想起自己與董事長田島對不同意見和衝突的爭論。如果他倆都照上司的辦，那也就不會有世界的進步了。盛田昭夫總是告訴員工們，對於上司的話不必太在意。他說：「不要等上面的指令，向前走。」

他對經理說，調動下級的能力與創造性是一個重要的因素。年輕人有靈活性和創造性，所以經理不要把看法強加給他們，這樣一來，他們創意的花蕾可能在開放之前就遭到摧殘。

在日本，員工要花很長時間營造自我激勵的環境，年輕人在這中間造成真正的推動作用。當管理者知道公司的普通業務是由有幹勁、有熱情的年輕員工完成，他們就能夠專心規劃公司的未來。

考慮到這一點，如果把責任分得太清楚就不明智，而且也沒有必要，因為 SONY 公司教育每個人都要像家裡人一樣，隨時準備。如果有些事做錯了，管理者要追究到人，那就很糟糕了。

這個辦法看上去不是很愚蠢就是很危險，但是盛田昭夫卻認為有道理。依盛田昭夫的觀點來看，重要的不是找到錯誤的責任人，而是錯誤的原因。

東京的一家合資公司的美籍廠長曾對盛田昭夫發過牢騷，在他們公司裡他無法找出事故的責任人。

盛田昭夫向他解釋，他們公司的成績是建立在這樣一個事實之上，即每個人都承認對事故的責任，所以要把責任推到某一個人身上，就可能損傷了全體士氣，大家都有可能犯錯。

井深大和盛田昭夫都犯過錯，他們在 Chromatron，即遊戲顯像系統上造成虧損，在大型寬式盒裝錄音磁帶上失敗了，儘管它的保真度比當時市場上的四分之一英吋標準盒帶更高。他們本來應該爭取更多公司加入盒式錄音錄影機的制式，而他們的對手在家用錄影系統的制式上正是這樣做，結果是更多公司採用了別人的制式，雖然盛田昭夫他們的品質更好。

但需要指出的是，這些錯誤和失算是正常行為，從長期的觀點來看，它們沒有損害公司。盛田昭夫並不在乎為他作出的決定承擔責任。

如果一個人因為犯了錯誤就被打上標記，再被趕出 年功序列，他在餘生的工作中就會失去主動，這將使公司失去這個人日後可能做出的成績。

當然從另一方面來說，找出錯誤的原因並公布於眾，那麼犯錯誤的人將不會忘記，其他人也不至於重犯同樣的錯誤。

盛田昭夫總是對手下的人說：「向前走，去做你認為正確的事。如果犯了錯誤，你可以得到教訓，只是不要再犯同樣的錯誤。」

盛田昭夫對他的美國朋友說，即使你找到了對錯誤負有責任的人，這個人往往已在公司做了一段時間了，如果把這個人替換掉，不一定能夠彌補他在知識和經驗方面的損失。

盛田昭夫還說：「如果這個人是個新手，那麼對一個孩子的過失，不應該採用開除的辦法。更重要的是如何找出錯誤的原因，避免今後再造成麻煩。如果事先說明追究錯誤的原因，並不會影響個人的前途，而是為了使大家都引以為戒，那麼其結果就會成為有價值的教訓，而不是損失。」

在盛田昭夫經商的時候，很少因為過失的原因而開除員工。

盛田昭夫總是說：「失敗和錯誤有時是不可避免的，如果僅僅因為員工一次失誤就開除他，永遠不再給予任何彌補的機會，那麼對失敗者來說，就會使他失去人生的勇氣和工作的信心。」

建立行銷市場

SONY 在成立美國公司後不久，急需大量的人來建立銷售組織，因為當時的生意做得很好，發展很快。

新來的員工中有的很好，但還有些人讓盛田昭夫覺得根本不該招進來，其中一個人給盛田昭夫惹了不少麻煩。

最後，盛田昭夫與他的美國同事談到他，盛田昭夫說道：「真不知道該拿這個傢伙怎麼辦。」

他們都看著盛田昭夫，好像他的智力出了問題似的，他們異口同聲地說：「當然是開除他。」

盛田昭夫對這種想法大吃一驚。他還沒有開除過任何人，就是對這個人他也沒動過這個念頭。但是美國的制度就是用開除來解決此類問題。這種做法看起來很清晰、直截了當和符合邏輯。

盛田昭夫開始想，美國真是管理者的天堂啊，你可以為所欲為。幾個月以後，他看到了事情的另一面。

SONY 公司有一位地區銷售經理，看上去非常有發展前途，以至於盛田昭夫讓他到東京去結識本部的同事，熟悉 SONY 公司的經營哲學和組織精神。他表現得不錯，給東京的職員留下了深刻的印象。

他回到美國後繼續工作，大家都為他感到高興，直至有一天，在事先沒有通知的情況下，他到盛田昭夫的辦公室來說：「盛田先生，非常感謝你的栽培，但我要走了。」

盛田昭夫簡直不敢相信自己的耳朵。但這並不是開玩笑。一個競爭對手提出兩三倍的薪水，他覺得無法拒絕。盛田昭夫意識到這就是美國人的方式，這個事情使他既尷尬又難過，當時他真不知道如何是好。

幾個月以後，盛田昭夫出席了一次電子展覽會，這個叛徒就站在他的競爭對手的攤位上。盛田昭夫想他們應該相互迴避，但他卻沒有躲著盛田昭夫，而是跑過來向他打招呼，和他攀談起來，似乎一點羞恥心都沒有。

他還向周圍的人熱情地介紹盛田昭夫，展示新產品，好像他們之間沒有發生過任何違背忠誠的問題一樣。

那時候盛田昭夫才意識到，在美國制度下，他帶著我們的公司資訊背離而去，沒有任何過錯。很顯然，此類事情天天都會發生，所以這裡遠遠不是管理者的天堂。盛田昭夫暗暗發誓，SONY 公司一定要盡一切努力來避免這樣的美國式管理技巧。

盛田昭夫還發現，西方國家的管理者在不景氣的時候就裁員，真是令人震驚，因為在日本，除非到了山窮水盡的地步，他們是不會這樣做。

由於石油禁運，日本的原油完全依賴進口，日本曾一度深受其害。一九七三年至一九七四年的通貨膨脹率高達百分之二十五，一些公司無法繼續營運，只好讓員工回家。但是這些人不願意看到公司身陷困境，自己卻在家閒坐，於是又陸續地回到公司，打掃環境，修剪草地，義務做一些雜事。

一家電氣公司讓員工去一家當地的電氣商店，幫助那些遇到困難的零售商，充當免費的推銷員。這種事情並不是出自管理者，而是出自員工的自覺，他們把自己與公司的命運緊緊相連。

盛田昭夫還聽說過這樣一個故事，大阪一位被裁的員工，他回到廠後對記者透露說，他的妻子為他感到羞恥，她說：「你們公司遇到這麼大的麻煩，你怎麼能夠成天坐在家裡無所事事。」

當然並非總是如此。明治時代，財閥是國家的經濟統治者，任何勞動組織的嘗試，都被視為激進或者更加糟糕的活動。

那時的終生僱用只不過是一條單行道，也就是要求員工保持忠心，服從一個主人。而僱主卻可以隨便開除任何一個員工。有的人當場就被開除。

還有聲名狼藉的學徒制度，這在當今的年輕人中已經鮮為人知。一個學徒為老闆做事時，先要白做幾年，叫做「禮貌服務」。他們每天要勞動十至十二個小時，平均一個月只有一兩天的休息，著名的松下幸之助先生就曾在腳踏車店做過學徒。

新自由勞動法生效後，很多老闆都擔心這個法律會毀掉日本的工業。儘管不能開除員工的制度看起來很危險，日本的經營者透過一段時間的努力，還是使情況好轉起來。

無論如何，SONY 公司還是幸運的，戰爭結束後，勞動者的新概念強加給他們，而西方國家在對勞動者進行剝削和爭論了幾十年後，還沒有完全學會這個概念。

當然，在那些艱難的年代，老闆也並不都是剝削者，然而舊式的家長作風和現在同舟共濟的平等制度還是有所區別。盛田昭夫實在不懂開除員工有什麼好處。如果說經營者僱人的時候要承擔風險和責任，那麼他還要負責使這些人一直就業。

員工在這個決定中不承擔最初的責任，所以不景氣時，為什麼員工就要被經營者解僱呢？因此，在興旺的時候 SONY 公司對增加員工的事非常謹慎。一旦雇了新人，他們總是力圖使他們懂同舟共濟的概念，讓他們知道，在不景氣的時候，公司寧願犧牲利潤也不會裁員。

SONY 員工的薪水或者獎金也必須有所犧牲，因為他們必須共渡難關。他們還知道，管理者沒有侵吞獎金，在 SONY 公司的制度下，只有員工才有獎金，經理不能享受離職補償，而只能得到對終生僱用和建設性工作的永遠保證。公司遇到麻煩時，高層主管比基層職員先扣薪水。

盛田昭夫不喜歡讓公司主管認為自己是上帝挑選出來領導愚民完成奇蹟的特殊人物。但是管理方面有一件事值得注意，一個管理者可以連年犯錯誤，而無人知曉。也就是說，管理可以是一種模糊性的工作。

哈佛商業學院和其他人做了很多工作，獲得商業管理高級文憑的人越來越多，然而儘管如此，管理仍然是一個捉摸不定的行業，它不能用下季度的底線來判斷。在到達底線時，經理還是可以泰然自若，同時卻因無法為未來投資而使公司垮台。

盛田昭夫衡量經理時，會看他能否組織好大量員工，怎樣充分發揮每個人的作用，怎樣讓他們相互合作。這才是管理，無論你做哪一行，它都不是從資產負債表上時黑時紅的底線開始。

盛田昭夫曾對他的公司領導層說：「不要向員工表示你是一個藝術家，可以獨自一人在高高的鋼絲上演出精彩的節目。要向他們表明，你們怎樣試圖吸引大量的人真心誠意地跟你走，心甘情願地為公司貢獻。如果你們能做到這一點，底線的事就不需要你們操心了。」

管理的風格多樣化，有些人按自己的方法工作得很好，卻不能適應別的方式。例如，從一九七二年至一九七八年，SONY 美國公司在哈維·謝恩的領導下，在美國的業務非常興旺。他的方法並不是日式的，但卻建立在真實努力、直率清晰的邏輯基礎之上。

為建立哥倫比亞廣播電台與 SONY 的合資公司，盛田昭夫和謝恩進行過談判，而且當時對哈維留下了深刻的印象，其中的原因也許正是因為他的這種風格。

儘管老湯姆生採取了以人為主的方法，使「伺服器」成長為一個工業巨人，但是SONY的老式家庭公司在美國還是很少，他們都是一些較小的商行。謝恩不相信這種管理方式有助於擴展SONY美國公司。他與盛田昭夫為此商談過多次，他得到了盛田昭夫的批准，對公司進行改革。

盛田昭夫認為這是一次有意義、合理的嘗試。他對公司實施徹頭徹尾的美國化改造，做得非常出色。他建立了一套預算體系，對每一個案子從財務上嚴加控制。只要是與利潤有關，每件事都要考慮開銷，這一點沒人能與他相比。

一九七五年，SONY公司準備推出盒式影片錄影機錄影系列，預計它將帶來巨大的回報。盛田昭夫設想了一個巨大的國內廣告攻勢和促銷運動，打算不惜成本地付諸實施。

他的感覺是這樣的，首次登場的家用盒帶錄影機需要用一個宏大的促銷運動介紹給用戶，因為它是新產品，應該讓人們看到他們可以在日常生活中使用，它可以成為一份資產，而不僅僅只是一個玩具。

但是，SONY美國公司的總裁對於這一筆巨大的開銷卻大皺眉頭。他說，如果花了這麼多錢來促銷，結果又沒有打開銷路，那損失就太大了。

於是，盛田昭夫對他說了一遍又一遍：「謝恩，你還要考慮今後五年甚至十年內得到的回報，不要只看到眼前利益。」

但謝恩有他自己的推出方式，他們也認為滿意，但盛田昭夫卻不這樣認為。

隨著發布日期的臨近，盛田昭夫開始擔心，推出活動會變成什麼樣子，它會造成多大的影響？ 盛田昭夫對情況了解得越多，就越擔心。對於一個具有開創性質的嶄新產品，這種推出方式給人留下的印象不夠深刻。

那年夏天他與家人住在輕井澤的別墅裡，但他卻無法不為盒式影片錄影機的推出活動操心。盛田昭夫希望它成為一次令人耳目一新的推出活動，一下就抓住美國人的想像力，讓他們看到這個機器將如何改變他們的生活，盛田昭夫對此很有信心。

那天夜裡盛田昭夫為此失眠了，在床上翻來覆去就是睡不著。最後他再也忍不住了，半夜時分，他打電話給謝恩。他正在紐約開會。盛田昭夫叫他出來，對他大聲吼道：「你如果在下兩個月內不為盒式影片錄影機的促銷花掉一兩百萬美元的話，我就開除你！」

盛田昭夫從來沒有這樣發過脾氣，謝恩也從沒有聽過盛田昭夫這樣大聲吼叫。

謝恩用掉了那筆錢，盒式影片錄影機得以順利推出。但是後來盛田昭夫發現 「Sonam」，即影片分享的人採取的是挖東牆補西牆的辦法，他們借用了另外的開支，所以整體廣告費還是不變。他們對當紅的音響和電視產品削減了促銷費用。

早期在謝恩的領導下，「影片分享」營運中美國管理方式的問題在於，公司總是以利潤為主。而盛田昭夫認為，利潤不必總是很高，因為在日本的公司裡，股東並不會吵著要立即分紅，他們更希望看到長期的成長和增值。SONY 公司可以從銀行得到可靠的優惠利率貸款。

當然，SONY 公司也要創造利潤，但必須是長遠的利潤，而不是短期的利潤，也就是說公司必須保持對研究、開發和服務進行投資，SONY 公司一直是將銷售額的百分之六用於這些方面。

經常聽到有人說，服務不重要，這種理論一旦站住了腳，服務品質就會嚴重下降，意味著存貨增多，也就是利息損失。盛田昭夫聽人說，按照哈佛商學院的邏輯，這時應該採取的措施是減少服務部件的庫存。

SONY 公司計劃在堪薩斯建立一間大型服務中心、建立完整的服務網路時，盛田昭夫費了九牛二虎之力，向「影片分享」的管理者說明這是個好主意，而且也是必要的措施。

盛田昭夫與謝恩和其他人一再爭論，他的論點是這樣，你如果把錢省下來，而不是再投入，在短期的基礎上是可以獲取利潤，但是事實上這樣做只不過是從過去建立的資產中兌取現金。獲取利潤重要，但還必須再投入，為了將來從中得利而建立新的資產。

當今電子工業界裡事事都在迅速變化，只有一件事可以肯定，那就是這個行業絕不會停滯不前，日本公司之間的競爭非常激烈。

SONY 公司已經從磁帶錄音機走向了磁帶錄影機和光碟，從真空管到電晶體、半導體、積體電路、超大型積體電路，將來還會做生物晶片。這種技術上的突飛猛進，總有一天能讓人們在家裡擁有目前還無法想像出的先進設備。

聽起來有點奇怪，但是盛田昭夫卻搞懂了這個道理，如果你自己的銷售組織權力太大，他們就可能成為這種創新的敵人，因為這樣的銷售組織往往給創新潑冷水。當要生產有創意的新產品時，必須針對新產品重新培訓銷售人員，這樣他們才能教育公眾並向他們銷售新產品。

這種做法很昂貴，它意味著要對研究、設計、新設備、廣告和促銷投入足夠的資金。銷售組織的消極態度還會使一些受人歡迎、有利可圖的產品變為廢物，這是因為產品只有在開發成本能得以償還，又便於推銷員銷售時才能獲取最大的利潤。

然而，如果一味關注利潤的話，人們就很難發現其中的機會。在補償與利潤捆綁在一起的時候，例如在美國的大部分 SONY 公司中，銷售經理常常會說：「難道為了幾年後接替我的人，我就要犧牲現有的利潤嗎？」

在美國和歐洲，經理常會因為研發費似乎太高，而放棄很有希望的產品。這是短視行為，會使公司喪失競爭能力。

有時銷售人員要在公眾面前離開，而不是去引導他們。當SONY公司第一次上市盒式錄音帶黑白磁帶錄影機時，幾乎立即就從一個美國的分銷商那裡得到了五千台的訂單。盛田昭夫告訴經理，依當時的市場情況來看，這個訂單似乎太大了，做好心理準備來買這種機器的人並不太多。

盛田昭夫還說過，對待像盒式錄音帶這樣創新性的商品還需要完成大量的教育工作，在希望獲得市場上的成功之前，必須在顧客中做好基本工作。

久負盛名的日本園藝中有一種技術：在移栽一棵樹之前，先要將它的根緩慢小心地、一點一點地弄彎，為這棵樹將會經歷的變動做好準備，這個過程叫做「曲根」，既消耗時間又需要耐心，但如果做得好的話，就可以得到一棵健康的移栽樹。為一種嶄新、有創意的產品做廣告促銷也是同樣重要。

由於對早期的盒式錄音帶錄影機下的功夫太少，美國公眾對這個新產品不了解，零售商也就賣不出去。接下來，出於失敗中產生的沮喪，那位分銷商只好採用了打折甩賣的方式，把SONY的產品處理掉。

盛田昭夫認為這種做法是最糟糕的銷售方法，而且這種方法也降低了SONY公司的身價。

有人說盛田昭夫太性急，缺乏耐心。為此，他在紐約辦事處的同事們送給他一頂紅色的消防頭盔，因為他們說盛田昭夫總是那麼著急，但盛田昭夫也會利用第六感來對付那些可能違背邏輯的人和產品。

有些跡象讓盛田昭夫覺得，大批量攜帶式錄影機的市場尚未成熟，後來事實證明盛田昭夫是對的。廣告和促銷並不能使一個壞的或者不合時宜的產品維持長久，家用錄影機是正確的產品，而且也被證明是經得起時間考驗的成功產品，但是它的時代還要稍後一點才會到來。

應邀訪問蘇聯

一九七四年，盛田昭夫和他的妻子應邀訪問蘇聯，這是盛田昭夫第一次在社會主義國家看到工業企業。

一名女翻譯與良子同行，一名男翻譯與盛田昭夫同行，另外還配了嚮導和招待人員。負責招待的人員非常友善，似乎一刻也不願意離開他們倆。

有一次，良子說：「我想吃點麵餅。」

兩個翻譯相互看了看，感到有點困惑。她的翻譯耐心地說：「麵餅是體力勞動者的食品，您不應該吃這種東西。」

但是良子堅持要吃，兩個翻譯商量了半天，又打了許多電話，最後才把他倆帶到一個地方，那裡有很多工人，正站著吃麵餅。盛田昭夫和良子兩個人站在一起，享用那種包有肉菜餡的、可口的小麵餅。

接待他倆的人叫葉爾曼· 吉希尼，當時他是科學技術部委員會的副主席，現在他擔任國家計劃委員會的副主席，是一位友好的、精明的人，能說一口漂亮的英語。

他與盛田昭夫夫婦曾經在舊金山見過面。那次正好是在由董事會和史丹佛研究院主持的會議之後，盛田昭夫在一個聚會上遇到他。盛田昭夫驚訝地看到這個俄國人在彈奏爵士鋼琴，他彈得妙極了，在這樣一種資本主義的氛圍中開展社交，他也顯得輕鬆自如。

然而這次盛田昭夫在蘇聯見到他，他更為開朗。他堅持讓盛田昭夫夫婦嘗試他的家鄉菜，一種豐盛、農夫吃的食物。他帶盛田昭夫夫婦去莫斯科和彼德格勒市郊參觀工廠，盛田昭夫看到他們在製造收音機和電視陰極射線管，裝配電視。

盛田昭夫把那裡的東西全都看遍，卻沒有留下什麼印象，當時的蘇聯在家電技術比日本和西方落後八至十年。他們的工具既粗糙又笨拙，生產技術的效率很低。

在盛田昭夫眼裡有一點是很明顯的，品質和可靠性差的直接原因，是工人對工作毫無熱情，而管理者又不知道怎樣才能調動工程師和工人的積極性。甚至蘇聯人也諷刺產品愚蠢的設計和糟糕的品質，但是從盛田昭夫那次訪問之後品質已經有所改進。

在訪問即將結束的時候，盛田昭夫被吉希尼帶到他的辦公室，那裡還有一位從通訊部來的一群官僚。

吉希尼微笑著對他說：「現在，盛田先生，你已經看到了我們的工廠，了解了我們的能力。在我們國家沒有通貨膨脹，也不用增加薪水。我們有一支非常穩定的勞動大軍。我們願意在分包的形式下與你們共享這一切。」

他似乎對他在盛田昭夫面前展示的一切感到很得意，也許有些人看到蘇聯人奮鬥多年後取得這些進步還是了不起的。但是在盛田昭夫看來，他對參觀中所見到的卻並不以為然。

盛田昭夫看了一下周圍的人，他們都在等待盛田昭夫說點什麼。盛田昭夫問吉希尼：「我能不能講講心裡話？」

吉希尼回答說：「當然，我們都渴望聽到您內心深處的話語。」

「我要對你們講真話。在日本，我們調動最優秀的人才、花費多年的時間尋求提高效率和生產力的辦法，哪怕是在螺絲起子這樣簡單的事情上都要下很大的功夫。我們曾經絞盡腦汁去找出每一種應用條件下電烙鐵溫度的精確值。你們在這些方面卻未做任何努力，好像沒有必要一樣，因為沒有人在乎這些事。」

「說實在的，吉希尼先生，您這樣客氣地款待我們，又帶我們到處參觀，我不好意思對任何一件事提出批評，但是我必須告訴您，我無法忍心看到在您這樣的條件下生產 SONY 的產品，我不能向您提供我們的產品技術。」

吉希尼對盛田昭夫的講話表現得很坦然，然後對身邊的一位助手示意，那位助手於是驕傲地遞給他一台小型、粗糙、盒式的蘇聯造電晶體黑白電視。

他對盛田昭夫說：「盛田先生，我們正準備把這種電視銷售到歐洲，請談談您對此的看法。」

盛田昭夫又一次不得不問他：「我可以說心裡話嗎？」

吉希尼又一次點了點頭。

於是盛田昭夫做了一個深呼吸，然後開始說：「吉希尼先生，蘇聯有偉大的藝術天才，例如你們的音樂家和舞蹈家。你們繼承了豐富的藝術遺產，你們的演員在世界上享有盛名。你們是很幸運的，因為在你們國家同時擁有技術和藝術。但為什麼我卻沒有看到兩者在這台台電視裡的體現呢？蘇聯既有技術又有藝術，為什麼就不能把它們結合生產出令人驚豔的產品呢？坦誠地說，根據我們對市場和消費者品味的了解，我們不認為這樣醜陋的電視有任何商業價值。」

出現了短暫的震驚後的沉默，然後吉希尼轉過身去對那位通訊部的官員說：「你對盛田先生的評價作何感想？」

那位官員一本正經地說：「我們理解您說的話，盛田先生。但藝術並不在我們的考慮範圍之內。」

這種回答簡直匪夷所思。盛田昭夫開始產生了不好的預感，他說：「哦，我知道了。我只不過說了我想說的。如果您願意給我一台這樣的電視，我將把它帶回東京，我會讓我的工程師給您提出改進的意見。」

後來他真的這樣做了，SONY 公司的工程師寄回去一個很長的報告，提出了對電路的重新設計和其他一些改進措施。當然，那些建議都是一些常規的建議，沒有依照SONY 的技術和要求。

當時蘇聯與美國有一種競爭，雖然這種軍事競爭的副作用促進了國防技術，但對雙方的經濟都造成了很大的損失。在蘇聯，技術似乎都集中在空間計劃和國防計劃這些方面，肯定不會在家用產品上。對大眾而言，設計，甚至技術品質都落後了。

在廣播設備方面，SONY 公司與蘇聯有很多的生意，SONY 公司是世界上這種設備的最大生產廠商。

很久以前，FIAT 汽車公司向蘇聯出售了一個汽車製造廠的成套設備和汽車製造技術，結果在歐洲出現了很多的汽車，它們看上去像 FIAT 的產品，但是實際上都是蘇聯仿造的劣質貨。FIAT 的聲譽因此受到很大影響，SONY 公司不願重蹈覆轍。

進入中國市場

想想自己當初用那麼少的錢就建立了公司，盛田昭夫覺得自己真是太幸運了，而且他們還有幸聘請了眾多的知名顧問，他們帶來的潛在投資者提高了他們的商業信用程度。SONY 公司真正的資本是他們的知識、創造力和熱情，盛田昭夫相信，這些特質至今仍然很受歡迎。

一九七九年，盛田昭夫乘坐獵鷹噴氣機飛往北京，他的訪問原定為「禮節性」的拜訪。當時中國已經成為 SONY 產品的長期客戶，在北京中心的長安街王府井路口，離北京飯店不遠的地方，豎著一塊巨大的廣告牌，多年來一直為 SONY 產品做廣告。除了會見政府官員，盛田昭夫還想去看看中國現代化的情況，特別是他們的電子工業。

一九七〇年代末期，中國政府和相關專家到日本、美國和歐洲考察，購買成套設備和技術，這些設備只有技術工人才會使用，而中國非常缺乏技術工人。他們簽訂合約，建造工廠，但是他們甚至不能為這些工廠提供足夠的電力。

更糟糕的是，這些官員無論走到哪裡，都堅持要看最先進的自動化設備，他們忽視了這樣一個現實，也就是首先要向不斷增長的人口提供就業機會，因此他們應該考慮建設勞力密集型的產業。

來日本訪問的中國人總是想看日本最自動化的工廠、最新的電腦系統。他們想買的東西很多，但是有些卻受到了明智的拒絕，因為在當時的發展階段上他們無法使用那些東西。

不久，向中國出售機器和成套設備的一些公司就被指責有「過量銷售」。這不是他們的過失，中國人堅持說他們知道自己需要什麼，卻常常重複引進相同的設備盛田昭夫告訴中國人：「我在上海參觀了一家工廠，發現那裡有一台很老式的自動焊錫機，沒有運行，因為它焊出的零件品質太差，根本無法使用。人們坐在生產線旁抽菸閒聊，沒事可做，因為合適的零件不能按時交到他們那裡。」

在中國的現代化運動中，工程師和主管沉溺於個人興趣，所以他們想買機器或者成套設備，但並不去協調整個行業的活動。

在上海的一家工廠，盛田昭夫吃驚地看到一台嶄新的自動化機器，正在為焊接電路板上的電線端頭剝除絕緣材。電線端頭剝皮是一項簡單的工作，用手工完成既容易又經濟。那台機器的速度很快，它工作一個小時剝出的電線可以供全廠用一個月，但這樣的機器不能解決中國的失業問題。

中國沒有工程管理，在現代化的運動中他們從日本購買現成的設備，生產彩色陰極射線管、積體電路和其他零件，卻沒有一個整體規劃來對所有的工廠和設備進行協調。在設計產品時，他們沒有充分地考慮當地的條件以及人們的需求，而這些都是設計工作中最重要的依據。

在這以後，中國政府頒發了允許外國公司與中國國營企業合資辦廠的新法律。在合資法中，他們聲稱準備承認私有制，允許向國外匯出「合理」數量的利潤，允許一部分外國人所有制的自由，允許外國人擔任最高管理職務。

盛田昭夫指出，如果他們想為中國大眾製造消費品，那麼這些消費品就必須簡單、實用和便宜。他們必須對產品進行調整以適應當地的條件，例如供電情況。另外，中國是一個地域遼闊的國家，他們的產品還必須非常結實，既能夠耐受某些地區的炎熱和高濕，又能夠耐受其他地區的乾燥和寒冷。

盛田昭夫還說，他們的產品必須易於修理，因為一旦產品銷售分布廣闊，他們就必須花很大的力氣建立服務據點，意味著產品必須設計得經久耐用，在離開工廠前，還要完美地通過可靠性實驗。如果他們真的想為人民服務，那麼品質管理就至關重要。但是在中國，可靠性和經久耐用一直是個問題，產品的故障成了老生常談。

盛田昭夫最後告訴他們，他們應該知道，這樣結實、簡單的產品，在自由世界的發達市場上絕對沒有競爭力，那裡的消費者追求的是不同的品味。

盛田昭夫還說：「如果你想在電子工業中賺取外匯，只有一條路可走。剛開始的時候，在完全散件的基礎上為外國公司組裝機器，在產品中加入你們廉價的勞力。在同一個工廠中不可能既生產國內市場的產品，又生產出口的產品。」

不管是什麼產品，本地貨與進口貨在品質和設計上的差距仍然非常明顯，儘管中國貨已經有所改進，而且盛田昭夫相信還會變得更好。現在已經投產的合資企業正在生產外國人設計的產品，看來有所進展，很多日本和歐洲的公司為他們在中國紡織品貿易方面做的工作感到高興。

一九八五年，中國的紡織品出口額已經達到四十億美元。但是激勵日本人生產新型的更佳產品以及激勵大部分美國工商業界的競爭因素在當地市場上還是沒有出現，而沒有這種激勵，就很難發展。

一九八〇年代，服務業中有了一些新政策，例如可以合法地開辦腳踏車修理店或者茶館，這才給了人們一點透過競爭取得進步的意識。

在一些地方，具有諷刺意味的是，在日本人的幫助下形成了競爭局面。重慶的一家軍工廠組裝 YAMAHA 的摩托車和水上摩托車，另一家競爭對手卻在生產 HONDA 的產品，他們在國內長期的競爭竟被帶到了另一個國家。

收購電影公司

作為與 Panasonic 電器公司、飛利浦公司並駕齊驅的世界著名電器生產廠商，SONY 公司也開始了「多種經營」。

一九六八年，SONY 公司和哥倫比亞廣播公司合作，設立哥倫比亞廣播公司 SONY 公司。公司設立兩年後轉虧為盈，適逢山口百惠等超級明星的歌曲走紅，五年後利潤額成為業界首位，十年後更是超過日本 JVC 公司和日本哥倫比亞這些大企業，營業額和利潤均創業界首位。

但是苦心經營了十多年，SONY 公司發現對方的管理意識不像日本那樣具有一貫性。合資經營實在很難，能合作的範圍是有限。

就像盛田昭夫說的：「我們和美國做了各式各樣的合資企業。我們想以長遠的目光認真經營企業，所以在美國的合資企業，倘若我們做了設備投資，當然是想使公司盡快健全，盡早獲得回報。可是我們考慮十年的事情，美國同夥卻只考慮了十分鐘……」

一九八八年，SONY 公司以二十億美元的價格收購了哥倫比亞廣播公司唱片公司，將世界上第一流的音響軟體收歸己有，並改名為SONY 音響演藝公司。擀脫了哥倫比亞廣播公司的束縛，得到新生的 SONY 音響演藝公司發展更加迅速，成為 SONY 集團的巨大推動力。

後來它更以擴大硬體銷售、帶動雷射唱片發行的方式，重新展現了軟體的威力。

盛田昭夫也說：「買下哥倫比亞廣播公司唱片公司以後，哥倫比亞廣播公司 SONY 公司的市場宏圖大展，因併購而投注的資金逐漸回收，而在這期間，雷射唱機的市場也得以拓展。同時，SONY 公司也是視聽領域中屈指可數的製造商，所以考慮想擁有自己的影視軟體，自然得到處尋找對象。有過幾次交涉，可是進展很不順利，正在那時，出現了哥倫比亞電影公司……」

還有什麼比吞併了世界第一流的唱片公司，又使其迅速成長更令人充滿自信的呢？如果說當初併購哥倫比亞廣播公司唱片公司時，大家還有點猶豫不決，併購哥倫比亞電影公司時就顯得躊躇滿志了，儘管金額是哥倫比亞廣播公司唱片公司的兩倍以上，但管理領導層全部贊成，這當然是順利併購哥倫比亞廣播公司唱片公司後的自信心所致。

盛田昭夫收購哥倫比亞電影公司，立足於長期策略，其意圖與在錄影帶競爭中測試式錄影帶受挫不無關係，畫面優異的測試式錄影帶，被後起之秀日本 JVC 公司家用錄影系統式錄影帶超越的原因之一，在於軟體容量的差異。

遺憾的是，SONY 公司手中沒有一流電影公司在日本的影帶發行權，而日本 JVC 公司的子公司卻擁有米高梅·聯美電影公司、二十世紀霍士、哥倫比亞公司的發行權，SONY 完全被排除在外。

在日本，錄影機市場達數兆日元，而錄影帶的市場只有幾千億日元，確實相差懸殊，但盛田昭夫不會被這些數字所迷惑。

盛田昭夫最初想收購米高梅·聯美電影公司，談判告吹後轉向哥倫比亞電影公司。

哥倫比亞電影公司已有好幾年拍不出好作品，而且經營不善，頻頻更換高層主管，據說擁有百分之四十九的股票、握有經營權的可口可樂公司正想撤手而去。

經過一番不露聲色的試探，掌握哥倫比亞電影公司經營權的可口可樂公司很快有了反應，他們表示如果一些特定條件能夠滿足的話，可以考慮把哥倫比亞電影公司賣掉。可口可樂公司的格傑特和盛田昭夫是舊相識，他認為選擇 SONY 作為股票出讓的對象，再合適不過。

一九八九年九月，SONY 公司併購哥倫比亞電影公司，併購金額為三十四億美元，再加上哥倫比亞電影公司原有的十二億美元負債，總金額高達四十八億美元。

為了使哥倫比亞電影公司步入正軌，SONY 公司還物色了兩名電影製作人管理，影片囊括了一九八九年奧斯卡金像獎的主要獎項。SONY 還原封不動地併購了他們共同經營的製片公司，其金額為兩億美元。

這些費用全部加在一起，折算當時的匯率，將近七千億日元，其數額達 SONY 本部年度銷售金額的三分之二，經營利潤的七倍。當然，這也是日本企業一次大規模的併購行動。

產業界認為，「這樣的一筆巨款，對企業的經營來說，可能會產生長期的不良影響。」還有人說：「SONY 公司是因為在錄影機的競爭上遭遇滑鐵盧，故而採取了激進的做法。」

然而，SONY 統帥盛田昭夫卻對以上的議論置之不理，他信心十足地說道：「即使做最壞的打算，這筆金額我們也承擔得起。

社會上無法理解我們購買哥倫比亞電影公司的真正意圖。我不認為哥倫比亞公司被收購後的三四年間就會發揮作用。真正的作用是在一九九〇年代後期到下一個世紀才能實現。在下一個十年裡它將會重振雄風。」

盛田昭夫寄希望於一九九〇年代末期。一九九二年二月二十日，合眾國際社發表了一條消息：

SONY 公司的兩個製片廠，在第六十四屆奧斯卡獎的提名中名列前茅，共獲得三十六項提名，約占提名總數的三分之一。其製作的警匪片《豪情四海》在所有影片中提名最多，共有十項。該片獲得最佳影片和最佳男主角的提名，將給此片在商業上的成功造成推波助瀾的作用。

除《豪情四海》外，格巴彼德斯演藝公司擬製的《奇幻城市》等三部影片共獲得十七項提名。

當時的好萊塢被三大影片公司控制，即華納兄弟影片公司、華特迪士尼影片公司和 SONY 影片公司。據美國《華爾街日報》一九九三年一月四日報導：「在一九九二年票房收入大戰中，三大公司勢均力敵。幾乎同登冠軍寶座，各公司的電影業務各占大約百分之二十的市場份額。據預測，華納兄弟影片公司將榮登榜首，迪士尼影片公司以相差不到百分之一的成績屈居第二，SONY 公司則以占 百分之十九以上的市場份額居第三位。」

競爭結果如此接近，其中部分原因，是三大影片公司在一九九二年均推出了極有票房價值的影片。例如，迪士尼影片公司的動畫片《阿拉丁》，在聖誕節至新年這七天時間裡，上映收入就達三千兩百萬美元，是歷年來同期放映的影片中收入最高的。

盛田昭夫的決斷是正確的，由於加入到好萊塢的行列中，SONY 公司的活動空間比以前大多了，換句話說，即使世界電器行業萎縮，SONY 公司也可以在娛樂業大展宏圖。

事實已經證明，一九八九年，SONY 公司花五十四億美元買下哥倫比亞廣播公司唱片公司和哥倫比亞電影公司是明智之舉。

今天，盛田昭夫領導下的 SONY 公司，不僅是世界電器業僅次於日本 Panasonic 電器公司、德國西門子公司和荷蘭飛利浦公司的第四大公司，而且它已成為世界電影業三大巨人之一。

獲得榮譽時刻

在盛田昭夫的印象裡，從來沒有哪一位日本政府首腦，曾經像柴契爾首相那樣，勸導外國公司到國內來開展業務。不管什麼時候，只要一有機會，甚至在國家元首的會晤中，柴契爾夫人都會向別人推薦自己的國家，她會打聽什麼時候日產汽車公司或者別的公司會去英國建廠。

對於 SONY 公司在英國建廠的事，連查爾斯王子都有參與。查爾斯王子出席了一九七〇年的世界博覽會，英國駐日大使邀請盛田昭夫將 SONY 公司生產的電視，放到東京英國大使館為查爾斯王子準備的套房中。

後來在使館舉行的一次招待會上，盛田昭夫被介紹給王子殿下，王子對 SONY 公司提供的電視表示感謝，然後問盛田昭夫是否打算到英國去設立工廠。

當時 SONY 公司還沒有這樣的計劃，盛田昭夫向查爾斯王子表示，暫時不會考慮這個建議。

王子笑著對盛田昭夫說：「也好，如果你決定到英國設廠，不要忘了到我的領地。」

後來盛田昭夫去了英國，理所當然地，他去看了看威爾斯，還到過其他很多地方，想找出可能適合建廠的地方，最後盛田昭夫還是選擇了威爾斯。

SONY 公司在布里金德建立了一個製造廠。一九七四年他們已經準備就緒，英國駐日大使正好返回英國，盛田昭夫與他聯繫，請他向查爾斯王子詢問是否願意接受 SONY 公司的邀請，來出席開幕典禮。

王子殿下欣然接受了邀請，並出席了 SONY 公司的開幕典禮。SONY 公司感到特別榮幸，為了紀念王子的駕臨，一塊牌子在工廠大門前，紀念牌是用英文和威爾斯文撰寫，沒有用日文。

在開幕典禮上，盛田昭夫重新提起他們在博覽會的談話，盛田昭夫說：「這家工廠代表著我們一貫遵循的國際方針的重要進展，SONY 公司的理想，是透過獨特的技術和國際合作來為世界服務，就像在這家工廠裡那樣，本地的工人、工程師和供應商與我們一起工作，生產出高品質的產品滿足市場的急需。」

盛田昭夫接著說：「希望這家工廠最後不僅能夠向英國的市場，還可以向歐洲大陸的市場出口。」

王子殿下後來與《南威爾斯之聲》的記者交談時，又提到了自己與盛田昭夫兩人在東京的會晤，報紙引用他的談話說：

「兩年以後，日本董事長臉上神祕的笑容，在南威爾斯變成了一座真正的工廠時，沒有人比我更吃驚。」

後來，伊麗莎白女王正式訪問日本，在英國大使館的招待會上，盛田昭夫有幸見到她。她向盛田昭夫問查爾斯王子推薦那家工廠廠址的故事是不是真的，盛田昭夫回答說確有其事，她感到很高興。

幾年之後，盛田昭夫到倫敦參加維多利亞和艾伯特博物館主辦的日本時裝展覽會開幕式時，他又見到了女王陛下，並有機會向她稟報了 SONY 公司的進展。

由於 SONY 公司出色的工作，公司還榮獲了女王獎。SONY 公司在英國的產品一半出口到非洲大陸，占英國彩色電視出口量的百分之三十。

一九八一年，SONY 公司擴大了在布里金德的工廠，增加了陰極射線管工廠，SONY 公司再次邀請王子殿下。但王子說自己的日程已經排滿，但是可以讓戴安娜王妃前來。

戴安娜王妃當時正懷著小威廉王子，聽說她要來的消息，盛田昭夫他們感到非常激動。因為工廠裡有帶壓力的玻璃製品，所以每個參觀者都必須戴上堅硬的頭盔和護目鏡。為了戴安娜王妃，盛田昭夫還將頭盔和護目鏡都送到倫敦去確認。

當王妃來訪時，她戴著頭盔在廠裡走了一圈，頭盔上寫著很大的 SONY 廠名，而所有的攝影師都把鏡頭對準了她。盛田昭夫不得不承認，這種商業化的打扮有點令人難堪，但是好像也沒人在意，戴安娜王妃沒在意，王妃很迷人溫和，善於合作，而且還很熱情。

為了紀念戴安娜王妃的這次駕臨，SONY 公司為此又豎立一塊紀念牌。

盛田昭夫為英國皇室對 SONY 公司的關注感到榮幸，甚至有點受寵若驚。他為此總結道：一個政府對商業感興趣是自然、健康的，有助於國家改善其就業環境。然而在美國好像流行著一種思維：政府官員都是生意人的敵人，最多是中立的。相比之下，他非常喜歡英國政府那樣的參與。

在很多方面，英國人對盛田昭夫都非常友好。一九八二年，盛田昭夫到倫敦去接受皇家藝術學會的阿爾伯特·愛因斯坦獎章，這是對他「在技術以及實業中的創新、管理、工業設計、產業關係、音像系統和增進世界貿易關係等諸方面作出的貢獻」

的獎勵。

當盛田昭夫意識到阿爾伯特· 愛因斯坦獎曾經頒發給一些世界知名的科學家，例如愛迪生、居禮夫人和路易· 巴斯德，他感到自己難負盛名。

在輕鬆的氛圍中，學會還為盛田昭夫的英語水準頒發了一張證書，此舉開創了一個慷慨的紀錄。

事情是這樣的，在皇家學會頒發獎章的儀式之後，盛田昭夫做東，舉行了一個招待會。在歡迎他們時，盛田昭夫說 SONY 和自己一直都是創新者，他們不僅創造了產品，還創造了新的英語詞彙。

為了證明這個論點，盛田昭夫向他們提出了「隨身聽」這個品名和 SONY 獨特的公司名稱。大家對他報以熱烈掌聲，幾位主管人員寫了一張「高級英語口語榮譽證書」，並將它鄭重地授予了盛田昭夫。

在盛田昭夫的主導下，SONY 推出的定位在青少年市場的隨身聽，強調年輕活力與時尚，並創造了耳機文化，至一九九八年為止，「隨身聽」已經在全球銷售突破兩億五千萬台。盛田昭夫在一九九二年十月受封為英國爵士，英國媒體的標題是「起身，SONY 隨身聽爵士」。

隨身聽的地位一直很穩固，後來推出的迷你光碟系統，繼續在全球處於第一名的地位。二〇〇〇年開始，MP3 音樂格式逐漸盛行，低價競爭者陸續推出快取記憶體可支持 MP3 的隨身聽，使 MP3 從個人電腦漸漸轉移到隨身聽市場。

二〇一〇年十月二十二日，SONY 公司宣布，由於錄音帶隨身聽銷售凝滯低迷，已正式決定停止生產。日本最後一批隨身聽的出廠日期是在四月，此批產品銷售完畢後，隨身聽的歷史也將就此畫上句點。

挑戰多項運動

成功的企業家和傑出的藝術家都有一個共同特點，那就是他們的好奇心都很強烈。盛田昭夫從小就好奇心極強，他的這種好奇心並不因童年的結束而消逝，恰恰相反，好奇心幾乎伴隨了他的一生。

盛田昭夫是個熱愛工作的人，但他並不是那種上了發條的機器人，工作之餘他也盡興玩樂，他的興趣並不限於工作的領域，按盛田昭夫的話說:「我五十歲開始打網球，六十歲學滑雪，六十四歲開始學溜冰……」

日本經濟評論家真木康雄五十歲那年取得了駕照，他深感這已經不是做這件事的年齡了。真木康雄四十歲左右開始打網球，每星期五早晨八點到品川王子酒店的室內網球場打球，有一次，他就在隔壁的球場裡遇見了盛田昭夫。

「哎，盛田君，你也在打網球？」

真木康雄感到十分驚訝，盛田昭夫那時已經六十多歲了！

「是啊，我五十五歲才開始打網球。」盛田昭夫說。他擦乾滿臉的汗水，心平氣和地告訴真木康雄：「在輕井澤時，有天早晨正想去打高爾夫球，我兒子對我說：『爸爸，你的手臂變小了！』我聽了很是驚訝。肉體的衰老，看來就是從這裡開始的，但是生命在於運動呀，於是我決定打網球了。」

真木康雄暗自思忖說：他是五十五歲才開始學打網球，而自己早就是個老手了，對付他應該不成問題。

下次在網球場見面，真木康雄對盛田昭夫下了戰帖，盛田昭夫愉快地接受了，雙方約好各帶球友，數日後在王子酒店球場一決雌雄。

可是，那天真木康雄有一種不祥的預感，他看到盛田昭夫穿著網球鞋，一副職業網球隊員的模樣。尤其使真木康雄感到尷尬的是，自己雖然年齡小一些，啤酒肚早已凸了出來，而盛田昭夫根本沒有啤酒肚，而且，他那細長結實的腿像羚羊般強悍！如果沒有白髮，盛田昭夫簡直要給人三十歲的錯覺！

不出所料，真木康雄和祕書搭檔的雙打輸給了盛田昭夫。真木康雄一點也不肯認輸，他的理由是在雙打中難分高低，不如進行單打比賽，盛田昭夫笑著答應了。其結果是真木康雄又一次一敗塗地。論發球速度，真木康雄和他沒法比！

比賽結束後，真木康雄百思不得其解。作為 SONY 公司的領袖人物，盛田昭夫把畢生精力都傾注於公司的發展上了，他哪裡有時間打網球，而且打得那麼好？

真木康雄畢業於早稻田大學，大學時代已經開始從事經濟記者的工作，一九五七年加入財經界研究社工作，一九七五年出任《財界》雜誌編輯。職業的敏感使他抓住這個機會，向盛田昭夫提出一系列問題。

當他問到盛田昭夫為什麼球發得那麼好時，盛田昭夫若無其事地回答道：「在紐約時，一位網球世界冠軍選手曾經指導過我，我算是他的弟子吧！」

真木康雄終於恍然大悟：原來盛田昭夫接受過世界冠軍選手的調教，怎麼可能贏他！

就是在那次採訪過程中，真木康雄了解到，盛田昭夫不僅喜歡打網球，而且打了近四十年高爾夫球，至今仍像一個十六歲的少年一樣喜愛不渝。

一九八六年，盛田昭夫六十五歲了，他執意開始學衝浪；六十七歲那年，他又向潛水運動挑戰。潛水協會把一套潛水呼吸器贈送給盛田昭夫，附信中寫道：「非常感謝您能夠參加這項運動。」

一九八八年九月三日，盛田昭夫在沖繩萬座海灘首次亮相。評論家竹村健一也不甘示弱地向潛水挑戰，他和盛田昭夫手拉手潛入水中。

日本經濟評論家真木康雄在一次電視節目中也戴過一次氧氣筒，雖然只是潛入水槽裡，但他沒有經過任何訓練，別人只是簡單地告訴他如何呼吸，拍攝馬上就開始了，這次「潛入」給真木康雄留下了極度恐怖的印象，從此看到大海他就感到一種難以言說的窒息，再也不敢玩「潛水」遊戲了。但他對盛田昭夫年近七十歲竟能潛水，不能不表示欽佩。

「小心一點啊，那可是性命攸關的大事！我雖然沒有嗆過水，但是竹村健一好像灌了不少水。」

盛田昭夫笑著回答真木康雄的提問，說著說著就提起朋友的醜事來。也許此時此刻他仍然難以抑制自己的好勝心吧！真木康雄忍不住問這位白髮蒼蒼的老少年：「那麼，竹村君還想再去潛水嗎？」

「大概那是一個人單獨潛水，後來又和半魚半人般的石原慎太郎一起潛水的緣故吧！他說如果和我一起潛水就放心了。」

盛田昭夫忍不住哈哈大笑起來，笑過之後，他告訴真木康雄：「雖然我什麼都愛試，但我生性膽小，潛水時非常小心。去年潛了好幾次，今年潛水時，還是去游泳池練習以後才出海。」

詮釋生命真諦

對於盛田昭夫而言，在一九六〇年代末期，出國工作與視察國內不斷擴大的生產網與研究設施已日趨重要，每天的時間似乎都不夠用。

雖然工作繁忙，但只要有可能，盛田昭夫就會短期休假。冬天的週末去滑雪，夏季的週末去打網球，在新年的假期，他則會去夏威夷度七八天假，打高爾夫球和網球。

每個星期二上午，SONY 公司在東京召開會議。盛田昭夫如果在日本就會設法參加，但是他先要在辦公室附近的室內網球場打網球，從七點一直打至九點。盛田昭夫喜歡與年輕人一起運動，因為從他們身上可以得到新思維。

因為盛田昭夫一直在打網球，所以他的反應能力有所改善，當一個人開始上年紀時，反應能力就會隨之下降。

盛田昭夫剛開始打網球時，總是漏球；剛開始滑雪時，盛田昭夫的平衡掌握得不是很好。每個主管人員都應該明白，他們需要這種有力的鍛鍊，不僅僅是為了心臟，也是為了保持腦力和自信，而保持自信至關重要。

盛田昭夫也很喜歡飛行。

有一次他乘坐公司的直升機，發現飛行員的年紀比他還大，他突然想到，如果飛行時他發生什麼意外，他倆就會粉身碎骨。盛田昭夫想，一個人坐在後面著急真是太愚蠢了。於是他拿出學員許可證，爬到副駕駛員的座位上，開始學習如何駕駛直升機。

每天盛田昭夫的祕書都會出「作業」給他。盛田昭夫總是帶著兩個纖維板的箱子，一個是黑色，另一個是淺紅色。黑色箱子裡裝的東西與他必須處理的國內事務有關，淺紅色箱子裡裝的與國際事務有關。

盛田昭夫有四位祕書，兩位負責國內事務，另外兩位負責國際事務。白天他沒有時間閱讀這些文件，因為他要接電話或者打電話，與客人交談，參加會議。

SONY 公司裡設有一處對外聯絡部，這個部幾乎是為盛田昭夫一個人而設，部裡對盛田昭夫所涉及的各個領域都有專家。一名專業人員負責盛田昭夫在日本經濟團體聯合會的事務；另一名負責日本電氣協會；還有一名負責與政府部門的聯絡。

盛田昭夫有一名助手，幫他起草演講稿，儘管他講話時不太用講稿；盛田昭夫的箱子裡還有部下送來的備忘錄，甚至還有剪報。

有一次他到日本輕井澤的山上去滑雪，想在那裡休三天假，結果未能如願，在山坡上他的呼叫機響了。通常，他的部下會試圖自己解決問題，而那次呼叫是因為部下不能代替他行使職權。

有時來自美國的電話會涉及美國國會，因為他們可能對 SONY 公司有影響。還有很多電話是私人電話，盛田昭夫家裡有五條電話線，其中有兩條是他的專用線。他在夏威夷的公寓、紐約博物館大廈公寓和富士山附近蘆湖邊上的鄉村住宅，都有自己的專用電話。

盛田昭夫一直主張這樣一種做法，每間公司的負責人在任職以後，都應在家中裝一個二十四小時的熱線電話。雖然盛田昭夫總是忙於工作，但是只要有可能的話，他還是會想辦法安排一些短期休假。冬季裡他每個週末去滑雪，夏季的每個週末都去打網球。

盛田昭夫自認為不是個「速度迷」，但他喜愛快速旅遊。早在決定爭取主辦奧運之前，盛田昭夫就已經迫切渴望東京有地鐵系統和新幹線了。

有一次，他和夫人良子參加華格納音樂盛會，歌唱家霍夫曼在他面前亮出自己的寶貝：1200cc 的 HONDA 汽車，這種重型汽車在日本國內並不出售，但在汽車沒有限速的德國卻是搶手貨。

霍夫曼邀請盛田昭夫開跑車，客人拒絕邀請，說自己寧願做他的乘客去坐飛車。當車開到時速一百四十公里時，盛田昭夫雖然有些害怕，卻感到很刺激。

下車後，霍夫曼問客人想不想來一次特技飛行？

盛田昭夫一口答應下來——這可是他從沒有做過的事！

他們驅車直赴機場，剛巧碰到一位德國的特技飛行冠軍人物，他邀請盛田昭夫和他一起飛行，這可正中下懷，盛田昭夫又一次毫不猶豫地答應了。

當盛田昭夫在飛機駕駛艙內坐下後，他才真正感到什麼叫恐懼，但是那位德國的特技飛行冠軍告訴他：「我會時時刻刻注意你的，當你感覺到不舒服時，我就馬上降落。」

盛田昭夫想自己是從來不暈機的，既然當初自己誇下海口，就不能再退縮了，所以儘管恐懼感一陣陣襲來，他還是漫不經心地點了點頭。

起飛不久，特技飛行冠軍就把飛機交給盛田昭夫駕駛，要求他爬升至一千兩百公尺，他應命做到了。

到了一千兩百公尺的高空之後，特技飛行冠軍不由分說就接過駕駛盤，他甚至連招呼都不打一下，就開始了他的花式滾翻，內圈、外圈、失速、急流、旋轉、滾翻，真是花樣百出，使得盛田昭夫不由自主地抓緊安全帶。

盛田昭夫的胃很強壯，不會嘔吐暈機，儘管特技飛行員雲裡霧裡滾翻不已，他仍然保持鎮定。當飛行員宣布要降落時，盛田昭夫不知是高興還是慶幸，因為驚險已經過去，他可以看到良子和霍夫曼在微笑招手。

但是，當飛機接近跑道邊緣時，特技飛行冠軍又表演了一個驚心動魄的花樣——他突然在低空接近地面只有五十公尺處，翻了個大筋斗！ 盛田昭夫感到好像頭皮直觸到跑道上了。

一九九三年，日本 SONY 公司的董事長兼創始人之一盛田昭夫，在打網球的時候突然間跌倒在地上。幾十年如一日的心理緊張，終於在一九九三年十一月三十日那天集中發作，一種巨大的暈眩襲向這位老人，盛田昭夫中風了。

在醫院持續四個小時的手術中，醫生從他的大腦裡取出了一塊高爾夫球大小的凝血塊。他的左半邊臉和身體已經癱瘓，並喪失了說話能力，但意識清醒，盛田昭夫從此再沒有重返 SONY 公司。

中風後與輪椅為伴的生活，對於從來沒有靜靜坐下來休息哪怕是一會兒工夫的盛田昭夫來說，確實苦不堪言。

盛田昭夫的網球夥伴都知道，每天早上七點，已經是七十二歲高齡的盛田昭夫總是準時地出現在網球場上。跟網球場上任何人都不同的是：別人玩一陣子總有累了坐下來休息的時候，可盛田昭夫就像一台有無窮馬力的機器，向場上的每一個人挑戰，從來沒有看見他有覺得累的時候。

盛田昭夫的精力究竟有多充沛呢？

他從日本東京的 SONY 總部出發，馬不停蹄地訪問了美國的紐澤西、華盛頓、芝加哥、達拉斯、洛杉磯、聖安東尼，英國，西班牙的巴塞隆納和法國巴黎。

訪問期間，他逐一拜見了英國女王伊麗莎白二世、美國奇異公司總裁傑克· 韋爾奇、未來的法國總統席哈克以及其他政治家、官員和商界人士。他欣賞了兩場音樂會和一場電影；在日本國內進行了四次視察，出席了八次招待會，打了九場高爾夫球，到 SONY 公司總部正常上班十九天！

盛田昭夫的祕書悄悄地透露說，總裁的行程一般需要提前一年安排，而行程中只要稍有一點空閒的話，他總是不失時機地安排他想見的人會面或者見縫插針地開個會，絕不浪費半分鐘。跟其他的世界級大老闆不同的是，盛田昭夫從來不像別人那樣高居在「金字塔」的頂端向屬下發號施令，而總是親自參與其中。

頤指氣使是日本當家人的一種常態，也可以說是把生命全部交託給家族的補償或代價，但這與全球化市場的運作大相逕庭。

盛田昭夫當然知道這種矛盾，更知道一個成功的日本商人為擺平這種矛盾所必須忍受的東西。一九七一年，他在一次乘車時突然在英語字典上偶然看到「兩棲動物」這個詞，他的神經被觸動了，切身的感觸突然得到了釋放：這個名詞形象地表現出日本商人的特徵。

在兩種文化中穿梭的盛田，通常面對著兩種世界觀帶來的壓力：一方面是日本，它有一套根植於本土傳統的文化價值和行為方式，不容許你偏離；另一方面是西方世界，在那裡，整個世界觀開放，沒有個性的張揚，將沒有生存的空間。

當時，他正在籌建一個男人俱樂部，專門召集日本商業界與金融界的首腦人物，以及冉冉升起的新星參加，他希望能給商人們提供一個自由交流的場所。於是便把自己創立的俱樂部命名為「兩棲動物俱樂部」，在俱樂部上方有一塊銅匾，鐫刻著盛田昭夫的心得：

「我們日本商人必須是兩棲動物，我們必須在水中和陸地生存。」

在把日本企業領導人描繪成兩棲動物時，他心中念念不忘的是兩種思維切換造成的緊張，或許還帶有對兩種文化融合的絕望。

在日本人眾多 「名分」組成的網路中，忠於天皇與家族，是壓倒一切的義務。當天皇只具有符號意義時，對家族帝國擴張的義務和責任，就是他們活著的意義了。

盛田昭夫為家族的事業經歷了常人所不能及的壓力、緊張、陰柔、張狂、暴躁、謙卑、坦蕩無畏與愁腸百結，常常有一種置之死地而後生的狠勁，而這種精神，正是日本人所推崇的「圓熟」境界。

在盛田昭夫的商業歷險中，我們不斷見識這種「無我」的力量，這是我們解讀日本商人這種「兩棲動物」的最好標本。

一九九九年十月三日，盛田昭夫因肺炎病逝於東京，享年七十八歲。

附錄

日本絕不能以目前的成就而滿足，否則，勤奮的中國人在技術不斷改進的情況下，有朝一日會趕上日本的科學技術水準。

—— 盛田昭夫

經典故事

電腦的奧祕

盛田昭夫在鄉村別墅的一個房間內，有一台電腦是誰都不能動

的。人們非常疑惑，難道這台電腦有什麼奧祕？ 在盛田昭夫看來，這台電腦還真是 SONY 公司的無價之寶。

原來，盛田昭夫就是用這台電腦來管理客戶資訊。在這台電腦裡，保存有一千多位重要客戶的相關資訊。每當盛田昭夫去見客戶前，都要打開這台電腦，瀏覽裡面有關這位客戶的資訊後，才胸有成竹地赴約。

有一次，盛田昭夫請一位大客戶吃飯，在席間盛田昭夫突然對這位客戶說：「恭賀您呀！ 您母親明天七十大壽，我這裡備了一份禮物作為壽禮，不成敬意！」這位客戶頗為驚訝，並且對盛田昭夫非常感激，他們之間的合作自然會愉快圓滿。

誰跑得快

盛田昭夫經常和美國的政界、商界打交道，非常了解美國人的行為方式。他認為美國的商人為與日本之間的問題而著急，而日本的商人則擔心如何應付美國和歐洲政府和商界對他們的抱怨。

盛田昭夫曾經講了一則關於日本人和美國人思維方式方面差異的故事：「有一天我聽到一個笑話，說是一個美國人和一個日本人一起穿越叢林，當他們看到一頭饑餓的獅子朝他們跑來時，日本人馬上坐下來穿上他的跑鞋，美國人嘲笑道：『如果你認為你比獅子還跑得快，那麼你就是傻瓜。』

「『我不必要比獅子跑得快，』日本人說，『我只需要比你跑得快就行了。』」

「但我們面臨的獅子，也就是即將到來的危機是全球性的，我們無法躲開這頭獅子。」

「我相信世界經濟貿易體系處在一個巨大的危險之中，就特定的貿易和兩國之間的矛盾爭吵不休，只會掩蓋住表面下的真正問題。解決一些雞毛蒜皮的小事對我們一點用也沒有。」

慧眼識「英雄」

一九五〇年，盛田昭夫生產了第一台磁帶錄音機。當時，大賀還是東京藝術大學聲樂系的學生。他以一名聲樂家的眼光寫信給盛田，用未經斟酌的語句告訴他，這種機器的性能不好，聲音失真太多，聲樂家需要的是一面鏡子——聽得見他聲音的鏡子，因此，他認為這種錄音機只不過是一堆廢物。

對大賀的尖銳批評，盛田非但不生氣，反而認為他所謂的鏡子想法非常恰當，就聘請他擔任公司的兼職顧問。

一九五四年，大賀大學畢業後到柏林留學，接受為期三年的音樂深造，並在歐洲參加巡迴演出。在這一時期內，盛田依舊積極地與大賀聯繫，堅持不斷發薪水給大賀，並要求他留學回國後繼續在 SONY 工作。

盛田所做的一切令大賀深為感動。一九五九年，他們兩人結伴前往歐洲旅行，盛田想透過這次旅行為 SONY 推銷調頻電晶體收音機等產品。最後他們乘船從英國出發轉道紐約回國。在四天多的旅程中，盛田昭夫發現大賀典雄的音樂造詣對以聲音和影像為主的 SONY 很有幫助，而大賀也頗懂得一些經營之道，於是就對他說：「你作為一位聲樂家是一流的，但我認為你作為實業家的才能將更加突出。」

就這樣，在盛田的鼓勵下，這位男中音聲樂家棄藝經商，跨進了實業界的大門。

年譜

一九二一年一月二十六日，出生於日本愛知縣名古屋盛田釀酒世家，為家族長子。

一九二九年，叔叔敬三從法國留學歸來，盛田昭夫眼界得到開闊。

一九三一年，小學三年級時，父親開始對他進行商業訓練。

一九三四年，父母為了孩子的素養教育，買了美國的唱片機。

一九三六年，對唱片機入迷，決定報考第八高中的理科班。

一九三七年，考入第八高中，在老師的指導下學習物理。

一九三九年，透過推薦，認識淺田教授，決定追隨他學習。

一九四四年九月，於大阪大學物理系畢業。

一有四五年三月，任海軍技術中尉。十月退役，當上東京工業大學專業部講師。

一九四六年五月，建立東京通訊工業股份公司。

一九五〇年七月，銷售日本最早的磁帶錄音機。十一月，將總公司遷到品川區北品川，建造總工廠。

一九五一年，與良子結婚。

一九五三年七月，開始電晶體研究。

一九五八年一月，盛田昭夫將公司的名稱由「東京通訊工業株式會社」正式更名為「SONY 股份有限公司」。他開始力推 SONY 品牌；

將公司的品牌當作生命，為「讓 Sony 享譽全球」而勤奮工作，他的努力終於使 Sony 今日的品牌魅力成為現實。

一九六〇年二月，在紐約設立銷售公司 SONY 分公司。五月銷售世界最早的電晶體電視。

一九六一年，SONY 在美國發行兩百萬股普通股票，成為第二次世界大戰後第一家在美國公開發行股票的日本公司，同年，盛田昭夫成立 SONY 設計中心，由大賀典雄主持。

一九六二年，SONY 香港有限公司成立。

一九六二年，移居美國。

一九六三年，父親去世。

一九六八年，SONY 公司推出採用經數年研發的特麗霓虹陰極射線管的彩色電視 KV-1310；同年，CBS 與 SONY 合資成立了 CBS/SONY 唱片公司，由大賀典雄負責，後來這家公司發展成為日本最大的唱片公司。

一九七一年，在巴黎開設商品陳列館。

一九七二年，SONY 研發了錄影機系統，使轉輪式變為了帶艙式，這樣可節約更多的空間，也更容易使用。

一九七四年，在英國威爾斯開辦分廠，查爾斯王子參加開業典禮。在工廠內豎立紀念碑。

一九七九年六月，全世界第一部立體聲磁帶隨身聽問世，Walkman 品牌出現在世人的面前。起初，SONY 是想給它取名為「Stereo Walky」，但東芝已經先行一步為其攜帶式收音機註冊了這個商標，無奈之下，時任 SONY 公司董事長盛田昭夫立刻想到了「WALKMAN（隨身聽）」。

一九七九年，到中國，對經濟建設提出建議。

一九八二年，獲得愛因斯坦勛章。

一九八七年一月，在日本出版《日本製造》一書。

一九九四年，打網球時中風，一直坐在輪椅上。

一九九九年十月三日，因肺炎病逝於東京，享年七十八歲。

名言

● 讓學歷見鬼去吧！

● 絕對不要打破別人的飯碗。

● 關注員工就是在關注企業。

● 高效的企業來自高效的員工。

● 人的素養習慣，決定其事業的高度。

● 佛教能夠約束人的行為，勸人向善。

● SONY 用品質捍衛自己的品牌，讓所有消費者受益。

● 很多企業家成功的祕訣是——專心做好一件事情。

● 市場不是調查出來的，而是創造出來的。

● 商標就是企業的生命，必須排除萬難捍衛它。

● 在快速發展中保持預見性，把自己變成導演。

● 成功的祕訣其實很簡單，企業的經營要以人為本。

● 你不應該放棄任何一個、哪怕只有萬分之一的可能成功的機會。

● 不但需要學習他人的科學研究成果，還要學習他人取得成就的方法。

● 電器產品的不斷創新，是電器企業之痛，也是電器企業之幸，可謂不進則退。

● 有人把機遇稱為運氣，不管稱謂如何，有一點是絕對的，善於利用機遇比怨天尤人更為有益。

● 日本公司的成功之道，並無任何祕訣和公式，不是理論，不是計劃，也不是政府政策，而是人，只有人才會使企業獲得成功。

● 如果你是和機器溝通的話，當然可以完全以理性來思考；但是如果你是和人共事，有時候你得讓邏輯思維休息一下，才能夠順利地溝通。

● 一定不可低估下級的才能和獨創精神，特別是年輕人，他們思維敏捷，勇於創新。

● 管理不是獨裁，一個公司的最高管理階層必須有能力領導和管理員工。

● 企業必須練好內功，固本強基，向管理要效益，在管理中求發展。

● 當景氣衰退的時候，我們不應該辭退員工，公司應該自己犧牲一些獲利。這是管理階層應該承擔的風險，也是管理人員的責任。

● 不管困難多大，都必須把公司引向成功的未來，任何組織、任何產業，成功的關鍵就是明確設定目標。

● 誠然，我們錄用了你們，作為一個管理者，或者作為第三者，我們不可能同時給予你們幸福，因為幸福應該由自己來創造！

● 企業要發展必須有良好的外部環境，但任何外部環境的改善都不能取代企業內部管理。

● 企業內部管理之要務，在於內部管理的制度化，大凡成功的企業都有一套系統、科學、嚴密、規範的內部管理制度。

國家圖書館出版品預行編目（CIP）資料

It's a SONY 盛田昭夫 / 李勇著 . -- 第一版 .
-- 臺北市 : 崧燁文化 , 2020.05
面；　公分
POD 版

ISBN 978-986-516-236-8(平裝)

1. 盛田昭夫 2. 傳記 3. 企業家 4. 企業經營

490.9931　　　　　　　　109006266

書　名：It's a SONY 盛田昭夫
作　者：李勇 著
發 行 人：黃振庭
出 版 者：崧燁文化事業有限公司
發 行 者：崧燁文化事業有限公司
E-mail：sonbookservice@gmail.com
粉 絲 頁：　　網 址：
地　址：台北市中正區重慶南路一段六十一號八樓 815 室
8F.-815, No.61, Sec. 1, Chongqing S. Rd., Zhongzheng
Dist., Taipei City 100, Taiwan (R.O.C.)
電　話：(02)2370-3310 傳　真：(02) 2388-1990
總 經 銷：紅螞蟻圖書有限公司
地　址: 台北市內湖區舊宗路二段 121 巷 19 號
電　話:02-2795-3656 傳真 :02-2795-4100　網址：
印　刷：京峯彩色印刷有限公司（京峰數位）

定　價：290 元
發行日期：2020 年 05 月第一版
◎ 本書以 POD 印製發行